JN007095

不連続と闘う

農

食料安保
脱炭素
異常気象

日本経済新聞編集委員兼論説委員
吉田忠則［著］ YOSHIDA TADANORI

日本経済新聞出版

はじめに

二〇二二年二月、ロシアがウクライナに侵攻した。世界を混乱の渦に陥れたこの軍事紛争は、日本の食と農も激しく揺さぶった。戦争をかつてなく身近に感じる日々のなかで、日本ではあまり耳にすることがなかった言葉がニュースで盛んに取り上げられるようになった。食料安全保障だ。

ウクライナ危機に先立ち、まず新型コロナが農業界を苦境に陥れていた。イベントの中止や飲食店の休業、学校給食の停止で、多くの農家が販路を失った。この経験は硬直的な販売手法のもろさを浮き彫りにし、環境の変化に柔軟に対応できる販売の仕組みを構築することの大切さを多くの農家に気づかせた。そして本当の危機はそのさなかにやってきた。

コロナ前の日常を取り戻すことができないうちに、ウクライナ侵攻が始まった。穀物の輸出大国同士の紛争で国際相場が急騰し、食品の多くを輸入に頼る我が国の食卓を直撃した。輸送費や資材費の上昇で食品価格はもともと上がる気配を見せていたが、ウクライナ危機は長く日本を覆い続けたデフレ圧力を最悪の形で吹き飛ばし、値上げラッシュを引き起こした。

その傍らで農業は経験したことのない深刻な状況に陥っていた。

実際に値段が上がったのは食品メーカーが製造する加工食品や外食チェーンのメニューが中心で、コストを価格に転嫁できた農産物はごくわずか。軍事紛争による肥料と飼料の価格高騰というダブルパンチを受け、農業生産の収益性がみるみるうちに悪化した。廃業に追い込まれた例も少なくない。

浮かび上がったのは、農産物や生産資材を海外に依存することで日本が抱え込んでいた巨大なリスクだ。遠因を探っていくと、食生活の変化を的確に見通しながら、それに対応する手立てを怠った戦後農政にたどりつく。だが政策で選択した結果なら、やり方を変えればこれまでと違う道を開くこともできる。日本の農業が直面した危機は、その突破口も示唆している。

もともと日本の農業は、かつてない構造変化のまっただ中にあった。高齢農家の大量リタイアによる農地の流動化は一部の担い手に生産基盤を集中させ、零細な兼業農家が中心だった農業の姿を急速に変えつつある。

大型の台風など頻発する自然災害も、農業生産を揺さぶっている。「過去最大級」「十年に一度」などと表現される災害が毎年のように日本のどこかを襲い、農産物に大きな被害をもたらす。しかも気候変動問題への対応は、農薬や化学肥料の削減など環境調和型の農業への変容を迫っている。

では未来を担う現場の農業者たちは、次々に押し寄せる変化の波にどう向き合おうとしているのか。それが本書のテーマになる。

ある新規就農者は研究機関と連携して生産手法を磨き上げ、難しさが指摘されることの多い有機栽培で急成長した。別の農業法人は栽培効率を飛躍的に高め、災害に負けない強靱な経営体質をつくり上げた。打てる手のすべてを動員し、台風の被害を抑える策を練る経営者もいる。農協もまた本来の機能を発揮すれば、期待に応えるポテンシャルがあることを示した。

そして新たに登場した若き農業者は、世界情勢を読みながら農政のはるか先を行き、日本の農業の新しいかたちを創造しようとしている。

取材を通して浮かび上がってきたキーワードは機動性と柔軟性だ。農業は土地と離れることができず、相場や気候を自らコントロールすることができないなど様々な制約を抱えている。だからこそ、変化に対応するノウハウを獲得できるかどうかが経営を大きく左右する。

農業はずっと衰退産業と言われてきた。だが多くの農家が後継者を確保できない厳しい経営環境のなかでも人材が育ち、後に続くものたちを導く針路を力強く切り開いている。彼らを見ていると、農業への悲観論は後退する。筆者は各地の農場の取材を通し、そのことを日々実感している。

本書は日経電子版の連載「食の進化論」や、マイナビ農業の連載「農業経営のヒント」、月刊誌『農業協同組合経営実務』の連載「農業の可能性を探る」などを大幅に加筆・修正して書き上げた。文中の肩書は取材当時のものを基本とし、敬称は略させていただいた。

二〇二三年五月

吉田　忠則

不連続と闘う農　目次

第5章 巨大自然災害との戦い 219

序章

食料安保と農業の新星

不連続と闘う農

1 農地が自動的に集まる農場

六年で二百ヘクタールのメガファーム

日本の食料生産が急激な環境変化に直面している。もともと高齢農家の引退が加速し、農家数の減少と一部の担い手への農地の集約が進んでいた。この変化に新型コロナによる販売の混乱が重なり、さらにウクライナ危機で穀物や飼料、肥料の国際相場が高騰して日本の農業を揺さぶった。この変化に適応し、急速に存在感を高めている若手農家がいる。

二〇二一年秋、農業法人の中森農産（埼玉県加須市）を経営する中森剛志を訪ねた。コメを中心に麦と大豆を育てている。就農からわずか六年目のこの時点で、面積はすでに百七十五ヘクタールに達していた。

裏作の分をカウントすると、栽培面積はじつに二百ヘクタールを超す。日本の農家の平均が三ヘクタールしかないなかで、「超」がつく大規模経営だ。しかもこの規模は中森にとって、なお続く拡大の途上でしかない。

中森の案内で田んぼを見に行くと、向こうからスタッフがやって来た。すれ違いざまに二人がニヤっとしたかと思うと、無言のまま互いの肘を高く上げ、軽くぶつけ合った。目標を共有する若いチームのノリの良さだろう。

そのすぐ後、田んぼをバックに中森を撮影しようとしていたときのことだ。トラクターに乗ってたまたま通りかかった二人のベテラン農家が中森に声をかけ、何やら話し込み始めた。世間話をしている様子ではない。

話が終わって戻ってきた中森にたずねると、「たったいま合わせて〇・五ヘクタール増えた」という。高齢で規模を縮小している農家の田んぼと、家族が食べる分だけつくっていた農家の田んぼだ。中森は「半ば自動的に農地が集まるようになっている」と話す。田畑を引き受けてくれる農家が少ないのだ。

筆者はこれまでたくさんの農業現場を訪ねてきたが、そのなかでも構造変化を最も強く印象づける光景だった。中森はなぜ農業の世界に飛び込み、たった数年でどうやって農場を国内最大級に成長させたのだろうか。

青果店で学んだ事業の厳しさ

中森は加須市の稲作農家のもとで研修し、二〇一六年に就農した。当時二十七歳。翌一七年に株式会社の中森農産を設立した。

一年目の面積は十ヘクタール。すでに平均よりずっと広いが、これはたんなる出発点だった。二年目は三十ヘクタール、三年目は六十ヘクタールで、四年目には百ヘクタールに達した。売り上げはここで一億円に届いた。これは中森にとって、就農時に想定していた「最低ラインの数字」でしかない。

実家は東京。父親は貿易関係の会社を経営していた。将来の仕事として農業を意識するようになったのは、高校時代に一冊の本を読んだのがきっかけだ。福岡正信著『自然農法　わら一本の革命』(春秋社、二〇〇四年)。農薬や肥料を使わずに作物を育てる自然農法を説くこの本との出合いが、その後の進路を決めた。

もともと「自然と関わる仕事をしたい」という思いはあった。だが都会育ちで農業とは縁遠く、自分とは別世界のことだと考えていた。この本を読んだことで、農業こそ世の中を変える仕事だと思うようになった。

高校を卒業すると、東京農業大学に進学した。テーマは「中山間地の活性化」。その一環で現地を回るうち、ミカンなどの規格外品が捨てられていることを知り、買い取って都内のマルシェで売り始めた。すると「うちのビルに店を開いてみたら」と勧める人が現れ、青果店をオープンした。

これが大学四年のとき。仲間と一緒に運営会社もつくった。大学を卒業した後はそのまま青果店を続け、一時期は都内で十店舗まで増えた。知人に頼まれてイタリアンレストランも運営するようになった。

会社の経営には資金面を含めて様々な苦労があった。だが中森を最も悩ませたのは、「自分は何をしているのか」との思いだった。青果店を開いたのは「農業に貢献したい」と考えたからだ。ワインの勉強などに追われる日々のなかで、自分は目標に向かっているのだろうかと迷い始めた。

「一日も早く自分で農業をやりたい」。そんな思いを抑えきれなくなり、事業をリセットすることを決断した。青果店は閉めることにした。レストランは経営を引き継いでくれる人を半年かけて見つけ、譲渡した。

この経験は決して回り道にはならなかった。資金調達や資金繰りの難しさを含め、ビジネスの基礎を学ぶことができたからだ。その後の農場運営の戦略の巧みさは、最初に事業で鍛えられたことも背景にある。

ブランド力のない地域であえて就農

どんな作物をつくるかは、ずっと前から決めていた。「食料の供給能力を維持するには、大規模に稲作をやるしかない」。中森の農業観の核心には、こんな思いがある。「食料を自国でまかなうことのできない国は危うい」。もし食料の供給能力を失えば、外交の場で著しく不利な立場に追い込まれかねない。国の独立も脅かされるかもしれない。日本がそんな状態に陥るのを防ぎたいと思い、就農した。

ウクライナ危機をきっかけに、食料安全保障という言葉を日本でもよく耳にするようになった。アフリカやアジアなどの途上国と違い、日本で食料安保を問うことに異を唱える識者もいる。だがたとえ飢餓のリスクはなくても、食料供給の環境が変わる可能性については誰もが同意するだろう。その変化はおそらく好ましい方向ではない。

中森は学生時代からこういう問題意識を持ち、「農業に貢献したい」との思いを温めてきた。筆者は農家を十年以上取材しているが、食料安保のことを最優先に考えて農家になった人に会ったのは初めてだ。

就農に際し、場所を決めるための条件は二つあった。一つは生産効率の低い中山間地ではなく、平地の水田であること。コメをつくりやすい平地の水田すら維持できなければ、食料の供給能力の根幹が崩れると考えたからだ。

もう一つは、リタイアする農家が多く、農地を集約しやすい点だ。関東地方の農地を調べた結果、この二つの条件を備えていたのが加須市だった。もし「コメ農家として成功する」のが目的なら、ブランドイメージの高い主産地で就農したほうがいいかもしれない。だが中森は

「コメの値段が高く、担い手がたくさんいる地域でやっても意味がない」と話す。農地を守るのが目的だからだ。

狙うマーケットも理詰めで決めた。家庭でご飯を炊いて食べる機会が減るなかで、コメの消費を支えているのは、コンビニやスーパーが販売しているお握りや弁当、外食チェーンのメニューなど。中外食と呼ばれる市場だ。

求められるのは、味と値段のバランスがとれた「値ごろ感」のあるコメだ。それを可能にするため、出荷の仕組みも最初から効率性を追求した。一トンのコメを入れることができるフレコンバッグで出荷する体制を整えたのだ。他の農家の多くが三十キロ単位で出荷しているのと比べ、効率の高さは明らかだ。こうして中外食を売り先に持つ卸会社を販路として開拓した。

2 付加価値と自給率向上の二兎を追う

コロナの混乱にＪＧＡＰで対応

二〇二〇年に新型コロナの流行が始まり、外食の不振のあおりで米価が下がった。そんななか、「彼は大丈夫なのだろうか」と筆者に聞いてくる農家がいた。外食向けの卸会社が販路の柱になっていたからだ。

農業関係者の間には「専業の大規模農家ほど米価下落の影響が大きい」という指摘が以前からある。兼業農家は別の収入で稲作の減収をカバーできるのに対し、専業で規模が大きいほど損失が膨らむ恐れがあるからだ。

その点に関して言えば、中森農産は飛び抜けた大規模経営だ。しかも専業。ふつうに考えれば、下落の影響をまともに受けそうなところだろう。だが新型コロナの感染拡大が始まってから一年半ほどたち、米価の低迷が鮮明になるなかで中森に聞いてみると、「影響はない」という答えが返ってきた。

「埼玉のコメは外食向けが多く、コロナで米価が落ちるのはわかりきっていた。だから、影響を受けないように手を打った」。中森はそう話す。

埼玉県のコメは東北や北陸などのコメの主産地と比べてブランド力が弱く、もともと米価はそれほど高くない。その結果、割安なコメを求める業務用の需要が大きい。外食向けが多いのはそのためだ。

放っておけば、中森農産は規模が大きいだけに甚大な打撃を受けただろう。それを防ぐために打った手は二つある。一つは、安全で安心なコメを評価し、高めの値段で買い取ってくれるスーパーを販路に加えたことだ。

そのために、農産物の安全規格であるＧＡＰ（農業生産工程管理）のうち、日本ＧＡＰ協会が作成したＪＧＡＰの認証を二〇二〇年に取得した。このスーパーはその後、中森農産の主食米の重要な販路になった。

コンビニをつかんだコスト圧縮作戦

もう一つは、弁当やお握りなど中食へのシフトだ。具体的には、大手コンビニにコメを提供する流通業者との取引を増やした。

中森は「コンビニは埼玉県のコメをほしがっている」と指摘する。外食と同様、値ごろ感のあるコメを求めているためだ。農協を通さずに売る農家が多く、流通を簡素化して経費を圧縮できる点も魅力に感じているという。

ただし、いくら農協を通さなくても、小規模農家から買ったのではかえってコストアップになる。その点、中森農産は規模がひときわ大きく、まとまった量を出荷できるため、経費を抑えたいというコンビニの要望に応えやすい。しかも効率をさらに高めるための手も打った。農産物検査員の資格だ。

ふつうの稲作農家は、コメの等級などを判定する検査員の資格を持っていない。中森農産はこの資格を二〇二〇年に取得し、流通業者が外部に検査を委託しなくてすむようにした。コストを圧縮するための措置だ。

中森は「ただ広大な田んぼを抱えているだけでは、米価下落でじり貧になっていたかもしれない」とふり返る。そのリスクを事前に予測したからこそ、回避する方法を考え、ただちに実行に移した。そして売り先を見直した結果、二〇二一年産の販売価格を二〇年産と同水準にすることが可能になった。

鮮やかなリスク回避策というべきだろう。中森の作戦の妙は、続いて襲った危機でも確かめられることになる。ロシアのウクライナ侵攻だ。

良質な堆肥で有機栽培

二〇二〇年から飼料米の栽培を始めていた。主食米と違い、補助金を受けられるという利点を想像しそうだが、主な目的はほかにあった。

飼料米の売り先として探したのは、鶏糞を堆肥に加工している養鶏場だ。そこに飼料米を販売することで、良質な堆肥を優先的に提供してもらうことを期待した。住宅に近い場所に田んぼがある中森農産にとって、臭いで近隣から苦情が出ない堆肥を手に入れることは、必須の条件だった。

二〇二〇年にそうした養鶏場を見つけ、飼料米を売り始めた。そこから有機肥料を購入し、ほぼすべての田畑に一気に投入した。これが今後の戦略の核心部分。化学肥料や農薬を減らせば、安全や安心をアピールし、作物の付加価値を高めることにつながる。それが堆肥を活用する狙いの一つだ。

これをきっかけに、もともと水田の一部で手がけていたコメの有機栽培を八ヘクタールに広げた。いきなり日本の農地の平均の二倍以上で、難しい栽培方法に挑むこと自体が、この農場のスケールの大きさを示す。

とりわけ期待したのが、収益性で劣る麦や大豆を有利に売ることだ。有機栽培である点を評価してくれる食品メーカーを見つけ、取引を始めた。新型コロナによる米価下落への対応と並行してこれを進めてきた機動性に驚く。

有機栽培はそれまでの効率重視の姿勢に反するようにも見える。だが、そこには中森らしい長期的な読みがある。海外には日本と比べて有機栽培が盛んな国が少なくない。そうした穀物が安い値段で日本に入ってくれば、いくら「国産が大切」と訴えても、消費者の支持を得られない恐れがある。

そんな事態に備えるには、いまのうちから栽培技術を磨き、できるだけ効率的に生産できる方法を模索するしかない。栽培に失敗するリスクはこれまでより高まるかもしれない。だがそれを許容できるのは、「百ヘクタールで一億円」という経営基盤を整え、さらに大きくなり続けているからだ。

しかも有機肥料の活用には、もう一つ別の狙いもあった。

狙いは輸入肥料からの脱却

有機肥料を使い始めた背景には、付加価値の向上よりもっと大きな目標がある。肥料の自給だ。日本は化学肥料の原料のほぼすべてを海外からの輸入に依存している。中森はそのことにかねて懸念を抱いていた。

懸念は的中した。世界有数の肥料の輸出国である中国が国内需要を優先し、二〇二一年から輸出を厳しく制限し始めた。日本の化学肥料の原料は大半が中国産だ。そこにウクライナ危機による肥料の国際相場の高騰が追い打ちをかけ、日本の農業経営を圧迫した。

もし肥料の輸入が激減すれば、日本の食料生産は暗礁に乗り上げる。それを防ぐには、国内で肥料をまかなう体制を築く必要があると中森は考える。国内で生産できる堆肥を活用するのはその一環だ。ほんの少し前まで、食料に関して社会問題になっていたのは、大量に廃棄される食品ロスだった。そんな「飽食の国」の姿を見つめながら、彼はその先に食料生産が根底から脅かされる事態を予見していた。

中森は自らの経営の全体像について次のように語る。

「食料安全保障を確立したいというのが農業を始めた動機。その目的から逆算して、いま何をやらなければならないかを考える。短期的に利益を出したいだけなら、堆肥より化学肥料を使ったほうが効率がいい。でも五十年という長いスパンで考えたら、どちらを選ぶべきかが見えてくる」

農業取材でこういう言葉を聞くときが来るとは思っていなかった。だが彼に驚かされるのは、これが終わりではなかった。

中国の動向にらみ飼料に挑戦

二〇二二年二月二十四日、ロシアがウクライナに侵攻した。両国は穀物の有数の輸出国であり、これをきっかけに穀物の国際相場が急カーブで上昇した。アフリカの貧困層を苦しめる食料危機が現実のものとなった。中森はその少し前から、ある作物を育て始めていた。飼料用トウモロコシだ。

理由は中国のトウモロコシ輸入が急増したことにあった。

中国税関総署によると、トウモロコシの輸入は二〇一九年までは五百万トン以下で推移していた。ところが二〇年に突然一千百三十万トンになり、二一年には二千八百三十五万トンに急増した。これにより、トウモロコシの主な輸入国だったメキシコや日本を抜き、一気に世界最大の輸入国になった。

輸入急増の原因は、食料政策の転換にある。政府が国産を高値で買い入れ、増産を促してきた政策を二〇一六年に改め、輸入が増えるのを容認し始めた。人件費が上がり、輸入物と比べて割高になったことが背景にある。

「中国が尋常でないペースで輸入を増やしている。一年でも早く栽培を始め、ノウハウを蓄積することが重要だ」。中国の動きを見てそう判断した中森は、飼料米の販売先の養鶏場にトウモロコシが必要かどうかを打診した。コメもエサとして使っているが、主要な飼料はやはりトウモロコシだ。「ぜひ」という反応を受け、栽培することを決めた。二〇二二年二月初めのことだ。

ウクライナ危機はその直後に起きた。もともと中国の需要の急増で上がっていた相場の上昇に拍車がかかった。「これから穀物の奪い合いになったとき、どこが割を食うか。中国が強大な購買力で買いつけ、日本が影響を受けてしまうリスクがある」。中森は日本の先行きは危ういと強調する。

3 食料安保の実験場

トウモロコシの潜在力に手応え

初年度は二十ヘクタールで栽培してみた。この面積は二つの点を踏まえて決めた。まずこれ以上大規模に始めると、栽培がうまくいかなかったときに経営に与える影響が大きすぎる。一方であまりに小さくて生産量が少ないと、栽培や輸送が本当にうまくいくかどうかを確かめるのが難しい。

農地は埼玉県加須市内に分散しており、栽培する場所はそのなかから条件の異なる四カ所を選定した。地下水の状況や畑の水はけの良しあし、土質など栽培環境の違いが、生育にどう影響するかを知るためだ。

コストと利益のバランスを調べるのも、初年度の目的にした。トウモロコシは生育が極めて旺盛な植物なので、肥料を増やせば基本的に収量が増える。ただその分、肥料代と出荷時の輸送コストも増える。中森は「できるだけ多い利益を、できるだけ少ないコストで確保するのが理想」と語る。

肥料の投入に関しては、四つのパターンを試してみることにした。化成肥料だけを投入する畑と、化成肥料と堆肥をともに投入する畑、堆肥をたくさん投入する畑、堆肥を控えめに投入する畑の四つだ。化成肥料の価格が高騰していることを踏まえ、肥料の種類とコスト、収量の関係を探った。

収穫前に生育状況についてたずねると、「おおむね悪くない。予想通り、強い植物だということがわかった」という答えが返ってきた。成長スピードが速いので、雑草に負けることもないという。「ちょっとやそっとのことでは生育がとまらない」という手応えを得たのは大きな成果だった。

一方で、湿気には強くないこともわかった。同じ畑のなかでも、水はけがいい場所は生育が速く、そうでないところは遅いのだ。

これからトウモロコシの栽培を本格化させるにあたり、計画しているのが、大豆との輪作だ。「トウモロコシは大量の窒素分を地中から吸収する。大豆は窒素が少ない土地に適していて、しかも地中に窒素をためる機能がある。両者の輪作には大きな相乗効果がある」。そんな読みがある。

そこでポイントになるのが、大豆も湿気に弱いという点だ。両者の輪作を本格化させる際には、水はけのいい畑を選ぼうと考えている。

これは極めて重要な論点だ。加えて言えば、麦も湿気には強くない。にもかかわらず、日本のとくに都府県において、麦や大豆は水田の転作作物と位置づけられてきた。その延長で、食料安保を確立できるだろうか。

こうした課題については、本書のなかで改めて考えたいと思う。強調しておきたいのは、いまや中森農産は日本の穀物生産の実験場の様相を呈しているという点だ。誰に促されたわけでもなく、自らの決意でそれを推進している。

農業のイメージを変える決意

この章をしめくくるにあたり、中森の農場の雰囲気を伝えておこう。

社員は十人で、平均年齢は二十代半ば。三十代前半の中森が一番年上だ。日本の農家の平均が七十歳近いのと比べ、圧倒的に若いチームだ。

事務所は、古い木造の空き家を借りて開いた。玄関を入ってすぐ左にあるのが応接室。そこで取材をしながら奥の部屋をふと見ると、様々な機器が置いてあった。床にあったのはドローン。農薬散布用に購入したもので、いかにも先進経営の農業法人らしい機械だ。だがその横にあったのは、懸垂用のぶら下がり健康器とダンベル。天井からはサンドバッグがつり下げてあった。

懸垂をしたり、サンドバッグにキックしたりするのは仕事の後。農作業はいくら機械化が進んでいるとはいえ、やはり体力勝負だ。それが終わった後に、もう一度体を動かしたいと思うものなのか。そう聞くと、「みんな若いので、トレーニングが好き」と笑いながら答えた。若いエネルギーに圧倒されそうだ。

若者たちの秘密基地。それが筆者の抱いた感想だ。日々様々な議論をしながら、わくわくするような農業の未来を描いているのだろう。

スタッフを採用する過程で、入社希望者の父親から「農業なんかやらせるために大学に入れたんじゃない」と言われたことがある。中森はそのとき、「いまはお父さんが言うような産業かもしれませんが、僕がそれを変えます。ぜひ息子さんをうちに入れてください」と訴えた。父親はその場では首を縦にふってくれなかったが、その後、息子が中森農産に入るのを認めてくれた。

採用に際し、スタッフに求めているのは「ビジョンの共有」だ。入社時点で同じビジョンを持っていることまで求めてはいない。一緒に仕事をするなかで、同じ思いを抱くようになってくれればいいと願っている。

目標に向かって歩む幸せ

農作業の経験が浅いスタッフが多いので、借りている田んぼにヒエなどの雑草が生えてしまうことがある。トラクターの扱いに慣れていなくて、隣の田んぼのあぜを削ってしまうこともある。そのたび、相手の農家から叱責を受ける。地域の人にとって、「よそもの」と映ることもあるだろう。

現場でいろいろ言われると、すっかり落ち込んで事務所に戻ってくることもある。そんなスタッフに対し中森は、「いま文句を言われるのは仕方がない。でもそれが嫌だからやめようと思わないでほしい」と話す。

もちろん、迷惑をかけてしまった相手には「申しわけありません」という気持ちを、誠心誠意伝える。だが、そうした細かいトラブルを気にしていては、目標に向かって進むことはできない。そうスタッフを説得する。

ここで大切になるのが、未来のビジョンだ。「いま自分たちが大変な思いをして農業をやることで、きっと日本を危機から救うために貢献できるときが来る。そう考えたら、多少文句を言われても気にする必要はない」

目標は「農地を維持して次の時代にしっかりつなぐこと」。当初から大規模に稲作をやろうと決めていたのはそのためだ。そのことは先に触れた。だが実際に就農してみて、危機が想像以上に進行しているのに気づいた。

　高齢農家の引退だけでなく、これまで規模拡大を進めていた人が途中で諦め、逆に面積を減らし始めている。人を雇って大面積を運営する難しさを知り、家族だけでこなせる大きさに戻そうとしているのだ。中森農産が急激に成長しているのは、そうした農地が集まってきているからでもある。

　ここまで異例のペースで規模を大きくしてきて、どんな手応えを感じているのだろう。そうたずねると、少し恥ずかしそうにしながら「いま猛烈に幸せです」と話した。「自分がやるべきだと思うことと、やっていることが一致している。それができているので、本当に幸せです」と強調した。

　中森は日本の農業界に登場し、未来を担うことを期待されている新星の一人だ。では彼が夢を実現しようとしている農業は、どのような変化に直面しているのだろうか。そのことを、次章から見ていきたいと思う。

第1章

ウクライナ危機が迫る変容

不連続と闘う農

1 露呈した日本の危うい食料事情

食と農の海外依存で「三つの九割」

世界の食料問題で、ウクライナ危機の影響が真っ先に顕在化したのが穀物の国際相場だ。ロシアとウクライナは、世界の小麦の輸出量の約三割を占めている。ウクライナ情勢の緊迫と欧米のロシア制裁で両国からの輸出が滞り、小麦の国際相場は二〇二二年三月上旬、十四年ぶりに最高値を更新した。

国際相場の高騰は、日本の食品にとって値上げ要因になる。二〇二一年から輸入小麦や包装資材などの価格上昇を受け、パンや即席麺などの食品の値上げが相次いでいた。ウクライナ危機はこれに拍車をかけた。

浮き彫りになったのは、海外調達に多くを頼る日本の食料事情の危うさだ。海外依存度を示す指標として知られる食料自給率は四割弱だが、重要ないくつかのデータに注目すれば、「三つの九割」が見えてくる。

まず小麦の輸入比率は九割近くに達しており、海外市況の影響を大きく受ける。これがパンや麺類の値上げを招き、食卓を直撃した。

小麦の価格上昇が食品価格にじかに響くのに対し、間接的に影響を与えるのがトウモロコシだ。世界のトウモロコシ貿易は飼料用が中心で、ウクライナは世界四位の輸出国だ。日本は家畜を育てるのに必要な濃厚飼料の約九割を、米国などから輸入するトウモロコシに依存している。

トウモロコシの国際相場は、中国の需要増や南米の主産国の不作予想などで、もともと上昇傾向にあった。ウクライナ危機による輸出の停滞が、相場をさらに押し上げた。価格の上昇は、日本の豚肉や鶏肉、牛肉などの値段の上昇要因になる。もし転嫁できなければ畜産を圧迫し、生産基盤を弱体化させる。

加えて深刻な影響が出たのが、農産物の生産に欠かせない肥料貿易だ。日本の化学肥料の輸入割合はこれまた九割超。日本にとって主な輸入先である中国が二〇二一年十月に自国内の供給を優先して輸出を事実上停止し、肥料が足りなくなることへの懸念が現場で広がった。

年が変わり、輸入制限がそろそろ緩むのではないかという希望的な観測が出始めた。そのタイミングで起きたのが、ウクライナ危機だ。ロシアも肥料の主要な輸出国であり、日本も一部を輸入している。国際価格が急上昇し、日本の農家はあまねく生産コストの上昇に直面することになった。

米国依存を選んだ戦後農政

海外依存の「三つの九割」のうち、肥料に関してはリンなどの鉱物資源が日本に乏しく、輸入に頼るのはやむを得ない面もある。では飼料穀物のように国産でまかなう余地もあった作物を、なぜ海外に依存したのか。

遠因と見られるのが、一九六一年に制定された農業基本法だ。戦後農政の憲法と呼ばれたこの法律は、需要の拡大が見込まれる分野に農産物の生産をシフトすることを目指した。いわゆる「選択的拡大」だ。畜産はその代表だった。

畜産を振興するには、大量の飼料が必要になるのを関係者は十分にわかっていた。法の制定を主導した農林次官の小倉武一は、一九六〇年一月に開かれた農林漁業基本問題調査会第四回構造小委員会でこう発言した。「飼料の問題を取り上げないで畜産が伸びるというのは無責任」。基本法の中身を話し合うための会合だ。ところが農政は、この課題に向き合うのを避けた。

なぜトウモロコシの多くを米国から輸入する道を選んだのか。小倉は基本法制定の翌年に出した著書『農業の将来を考える』（家の光協会）のなかで、「（日本が通商を拡大する国の農産物と）できるだけ競合しないもの、競合しても負けないような作物に、おのずから重点を移していかなくてはなりません」と記している。「通商を拡大する国」がどこを指すかは明らかだ。

そして当時の日本に、競合しても負けない生産技術も基盤もなかった。

小倉は後年、基本法農政が飼料穀物の国内生産という視点を欠いていたことへの反省を書き残している。注目すべきは、そのなかで日本の食料供給の実態について「潜在的食料危機」という言葉を使っている点だ。


「穀類のなかでも米とその他の穀類とを区別した、あるいは人間の食べる穀物と家畜の食べる穀物を峻別してしまった。これまた誤りの第二点である。（中略）今日、穀類の自給度が非常に減ってしまい、いまや潜在的食料危機であるという認識に立つと、どうもそれは誤った政策だったのではなかろうかという反省である」（『農業構造問題研究』第八十八号、一九七四年一月）

日本の戦後の食料供給構造は、米国を中心とする国際秩序のもとでかたちづくられた。それが飼料の輸入依存につながった。今日、戦後の国際秩序を揺さぶるウクライナ危機のもとで、リスクがついに浮き彫りになった。

日本の農政がいまやるべきことは明らかだ。過去の常識から脱し、トウモロコシをはじめとする飼料穀物の増産に正面から取り組むことだ。

だがこうした立場に真っ向から反対する意見もある。国内で自給が可能なコメを、日本人はもっと食べるべきだという主張だ。

自給率に二つの指標

「ご飯」という言葉は、食事全般とコメの飯をともに指す。

これが示すように、自給率を高めるにはパンやパスタではなく、自給が可能なコメを食べるべきだという意見は、日本人の心に響きやすい。だが食料安全保障の観点から、より注目すべきなのは、飼料用トウモロコシだ。

なぜトウモロコシが重要なのか。そのことを考える前に、まず食料自給率の水準を確認しておこう。日本の自給率はカロリーベースで見て、一九六五年度の七三％から二〇二〇年度の三七％まで大きく低下した。

「カロリーベースの数値は自給率を低く見せるために計算したもので、生産額（金額）ベースの自給率に注目すべきだ」という指摘が一部にある。低い数値は、保護農政を正当化するための統計というわけだ。

確かに生産額ベースで見れば、自給率は二〇二〇年度で六七％ある。カロリーベースの数字と比べてずっと高い。だが水準の異なるこの二つの自給率は、日本の食と農の何を知りたいかで分けて考える必要がある。

ごく単純に言えば、生産額ベースの自給率は産業としての農業の置かれた状況を示す。その数値が七割近い水準を保っているのを見ると、「日本の農業はイメージと違って頑張っているではないか」と思うだろう。

ではカロリーベースの数値は何を映しているのか。ここで少し話題を変え、ダイエットのことを思い浮かべてみよう。その日に食べた食事のカロリーと、ジムで消費したカロリーを比べ、「このペースでいけばあと半年で体重が何キロ落とせそうだ」などと考えたことのある人もいるのではないか。

ここは重要なポイントだ。摂取カロリーが消費カロリーを下回り続ければ、体重が減る。それが極端な状態が長く続けば、人は飢餓に陥る。

ウクライナ危機を受け、「エジプトは小麦の値上がりに苦慮している」などのニュースが報じられた。穀物が不足し、値段が高騰するのが問題なのは、それがカロリーの摂取を脅かすからだ。穀物と、野菜などとの違いはここにある。生産額ベースの自給率では、こうした状況を知ることはできない。

付言しておくと、「恣意的な計算」とまでは思っていなかったが、筆者自身、ある時期までカロリー自給率をそれほど重視していなかった。躍進した農業法人の多くは園芸作物をつくっている。国民へのカロリー供給という尺度では、彼らの経営が正当に評価されにくいと感じたからだ。

いまからふり返れば、これは平時の発想であり、食料問題で大切な「万が一のとき」への想像力が欠如していたと言わざるを得ない。もちろん、だからと言って園芸作物の生産者の価値が減じるわけではない。重要なのは、食料問題と経営問題を分けて考えることだ。

コメに次ぐカロリー摂取は畜産物

自給率をカロリーで見ることには合理性がある。では日本人は何を食べてカロリーを摂取しているのか。国民一人一日当たりの二〇二〇年度の供給熱量を見ると、コメが最も高くて四百七十五キロカロリーだ。コメはいまも日本人にとって大切な食料だが、一九六〇年度と比べると、半分以下に縮小した。食生活の変化に伴い、コメの消費が減り続けているからだ。

では供給熱量が高い食品は何か。答えは畜産の四百八キロカロリーで、一九六〇年度の五倍近くに拡大した。次が油脂類の三百四十九キロカロリー。ちなみに小麦は三百キロカロリーで、六〇年度と比べて二倍増にとどまる。

「日本人の食生活は戦後大きく変化した」という言い方がある。これを聞いてコメからパンへの移行を連想する人が多いかもしれないが、実際は畜産物によるカロリー摂取の増加がもたらした変化のほうが大きい。ここで畜産物は肉や鶏卵、牛乳などを指す。そのなかで量が最も多いのは肉だ。

ここでやっかいな問題が浮き彫りになる。先述のように、家畜を育てるために必要な穀物の飼料用トウモロコシを外国産に頼っているのだ。

年間の輸入量は約一千百万トンで、主な輸入先は米国だ。この規模感を理解するために主食用米の需要を見てみると、年々減り続けていまは約七百万トン。日本は「豊葦原の瑞穂の国」だったはずなのに、国民へのカロリー供給で実際に使っている量はトウモロコシのほうがずっと多いことがわかる。

その調達が、ウクライナ危機で脅かされた。日本の主な調達先は米国なので、量が足りなくなることは当面ない。だが国際相場の上昇は当然のように米国産にも波及し、飼料価格を押し上げて日本の畜産農家を苦しめる。畜産経営が立ち行かなくなれば、国民へのカロリー供給に黄信号がともる。

長期的に見てもっと大きな不安材料もある。中国の動向だ。所得の向上に伴い、かつての日本と同じように肉の消費が増えており、飼料用トウモロコシを大量に輸入するようになった。いずれ日本が中国に「買い負ける」ような事態も起きかねない。序章で取り上げた中森剛志はこうした状況に敏感に反応し、飼料用トウモロコシの栽培に二〇二二年から乗り出した。

ウクライナ危機で輸入に頼る小麦の値段が上がったことで、「もっとコメを食べればいい」との声が聞かれるようになった。だがよほど事態が切迫しない限り、人々の食生活は大きくは変わらない。実際、農水省はコメ消費の拡大を呼びかけ続けているが、期待に反して消費はいまも減る一方だ。

選択肢は二者択一ではない。コメ消費の拡大に、官民挙げて取り組む意義は否定しない。日本人がもう少しコメを食べるようになれば、危機への対応力は格段に高まる。それと並行し、食生活を大きく変えないために必要な穀物を本気で増産する。それが、日本がこれから選ぶべき道だろう。

ウクライナ危機で急騰した穀物相場はその後、徐々に落ち着きを取り戻した。相場は下がっても円安の影響で輸入価格は高止まりしているが、それも一服すれば「喉元過ぎれば」の感覚で、危機感が後退するかもしれない。

それでいいのだろうか。軍事紛争だけでなく、気候変動や新興国の需要の増加、そして日本の経済力の低下が重なり、潜在的なリスクは膨らみ続ける。穀物市況の動揺に、日本はいつまで対応し続けることができるだろうか。

自民党が食料安保を提言

顕在化したリスクに対し、政治が敏感に反応した。

二〇二二年五月、自民党が「食料安全保障の強化に向けた提言」をとりまとめた。決定にあたり、総合農林政策調査会や農林部会、水産部会など一次産業に関係する党の組織に加え、格上の組織である政務調査会も名を連ねた。自民党が食料問題に正面から向き合おうとする姿勢が鮮明になった。

提言はまず「基本的な考え方」として、食料の安定供給が抱えるリスクが顕在化したと強調した。新型コロナの長引く流行とウクライナ危機、そして論点は少し異なるがカーボンニュートラルをめぐる国際情勢だ。

そのうえで、目指すべき方向として掲げたのが「過度な海外依存からの脱却」だ。一連の混乱が起きる前は、農家を補助金で守り、票を集めるための常套句と受け止められたかもしれない。いまもそうした面がまったくないとも言い切れない。だが世界の不連続な変化に直面するなかで、「脱却」の必要性がにわかにリアリティを帯びるようになったのも事実だろう。

関係者に幅広く目配りするため、こうした提言はどうしても総花的になりがちになる。そこで本書の関心に通じる項目を挙げると、「堆肥や下水汚泥など国内での代替原料の利用拡大」や「輸入依存穀物（小麦・大豆・トウモロコシなど）の増産、備蓄強化」「みどりの食料システム戦略（カーボンニュートラル）の推進」が盛り込まれた。農水省が実際に手がけようとしている具体策の是非はひとまず置くとして、掲げた項目はおおむね評価していいだろう。

提言のなかで加えて重要なのは、次の一文だ。

「リスクの洗い出し・検証は早急に進めつつ、制定から二十年超経った食料・農業・農村基本法については、人・農地の観点が現場実態に合っているか、生産資材・食品産業・価格形成など不十分な視点がないかなど、（中略）検証作業を今秋から本格化すべきである」

基本法の見直し論議がスタート

一九六一年制定の農業基本法は、農家の所得を他の産業と同じ水準にすることを目標にした。そのための方策として、需要の見込める農産物を後押しする「選択的拡大」と、農場の規模拡大を目指した。日本は高度成長のまっただ中にあり、製造業などとの所得格差を埋めることが課題になっていた。

基本法農政は、期待した成果を上げることができずに頓挫した。農家の所得はある程度増えた。だがそれは、農産物の売り上げが増えたのが主な原因ではなく、兼業化が進んで世帯所得が増えたためだ。これと関係するが、規模拡大も思うように進まず、生産効率の抜本的な向上は実現しなかった。

二〇〇〇年以降は、農地の集約による大規模化が急速に進むようになった。そのための細かい政策もないわけではないが、高齢農家の大量リタイアという構造変化が最大の原因だ。その背景にあるのが、農業の収益性の低さからくる後継者不足であり、政策の効果と評価するのは難しい。

旧基本法に代わり、いま見直しの対象になっている現行の食料・農業・農村基本法は一九九九年に制定された。目標は「食料の安定供給の確保」「多面的機能の発揮」「農業の持続的な発展」「農村振興」の四つ。先進国のなかで著しく低い食料自給率の向上を目指すことも、この法律で決まった。

内容が検討された一九九〇年代、日本の農業は厳しい局面にあった。農産物市場の開放だ。ガット・ウルグアイ・ラウンドで農産物分野の交渉がまとまり、日本のコメ市場の開放が決まったのが九三年。基本法制定の背景には、安い海外産にどう対抗するかという問題意識があった。

食料安保の重要性が意識されるようになった現在とは状況が異なっていた。基本法も「世界の食料の需給及び貿易が不安定な要素を有していることにかんがみ、国内の農業生産の増大を図る」と規定してはいる。ただ、ウクライナ危機による穀物相場の高騰を経験した今日のような切迫感はなかった。

これに関連するのが経済力の低下だ。基本法ができたとき、日本はなお世界第二位の経済大国の立場にあった。だがその後、中国が急激に台頭し、二〇一〇年にGDPで日本を追い抜いた。両国の差はいまも広がる一方で、農産物の国際市場で日本が中国に「買い負ける」という事態も現実のものとなりつつある。日本のここまでの凋落を予想する声は、一九九〇年代にはほとんどなかった。

基本法にある「多面的機能」という言葉にも注意が要る。自然環境の保全や良好な景観の形成、文化の伝承など、農業が食料の供給以外に様々な役割を果たしていることが、日本の農業を守る理由の一つになった。食料供給だけなら、「安い海外産をもっと入れればいい」という主張も成り立つからだ。

この点でも状況は大きく変化した。自然環境の保全につながるどころか、むしろ農薬の使用による生物多様性への影響や、農業生産に伴う二酸化炭素やメタンの排出などマイナス面もあると認識されるようになったからだ。農水省はそうした国際潮流を踏まえ、二〇二一年五月に「みどりの食料システム戦略」を決定した。

このほか、日本の人口減少や気候変動による農業生産の不安定化、いくら目標を掲げてもいっこうに高まらない食料自給率など、現行の基本法で対応が可能かどうかを検証すべきテーマが次々に浮上している。そこにウクライナ危機による穀物や肥料価格の上昇が重なり、法改正が視野に入った。

自民党の提言を受け、農水省は食料・農業・農村政策審議会に基本法検証部会を設け、二〇二二年十月から検討作業を始めた。食料安保をいかに確保するかは、そこで最も重要な論点になる。改正法の提出は、二〇二四年の通常国会になる方向だ。どこまで農政のグランドビジョンを描けるかが焦点になる。

基本法に先立ち水田政策を見直し

食料安全保障は穀物を中心とする土地利用型作物の振興にかかっている。基本法の改正でそれをどう進めるかを議論するのに先立ち、農水省は関連するある一歩を踏み出した。水田を軸にしてきた農政を、改める気配を見せ始めたのだ。

農水省が打った手は二つある。一つは、飼料米の補助金の支給条件を厳しくすることだ。コメの需給調整を目的にした補助金であり、稲作への影響は大きい。もう一つは、水田を畑地化し、大豆や麦などの生産に誘導することだ。

飼料米は大きく二つに分類される。主食用のコメをエサとして使う一般品種と、主にエサ用として作られる多収品種だ。輸入飼料と代替することで、エサの自給率を高めるという大義名分が飼料米にはある。だが本当の狙いは、主食米の生産量を減らして米価が下がるのを防ぐことにある。稲作農家の収益に配慮した政策だ。

これまではどちらも収量に応じ、十アール当たり五・五万〜十・五万円を支給していた。これに対し、一般品種に出す金額の上限を二〇二四年から段階的に引き下げ、二〇二六年は七・

五万円に減らす。下限の五・五万円は変わらない。

狙いは、より収量が多い品種に誘導し、飼料米の生産効率を高めることにある。二〇二三年は種の確保が難しいため、二四年から実施することにした。

一方、転作作物として小麦や大豆、飼料用トウモロコシなどを栽培している水田では、五年続けてコメをつくらなかった場合、転作補助金の対象から外すルールが二〇二二年から適用されている。いわゆる「五年水張り問題」だ。

これを受け、今後はコメをつくるのをやめた水田を対象に、十アール当たり二万円を五年間出す制度が二〇二三年から始まった。一年限りで十四万円の補助金も別途支給する。水田を畑に変え、畑作物を振興するための政策だ。

日本の場合、土地利用型作物の代表はコメだ。その生産基盤である水田に出す補助金を見直すことは、食料問題にとって重要な意味を持つ。

財政の論理と農政の思惑の一致点

なぜ農水省はそんな一歩を踏み出したのか。背景の一つにあると見られるのが、補助金の支給の合理化と抑制を求める財務省の主張だ。そしてそのための政府内の議論は数年前にすでに始まっていた。

農水省は二〇一七年一月、「水田活用の直接支払交付金について」と題する資料をまとめた。そのなかで財務省の指摘として書かれていたのが、「飼料米は多収品種を基本にする」という方向だ。単位面積当たりの収量を高めるインセンティブになるような仕組みにすべきとの指摘もあった。

これに対し、二〇一七年の農水省の対応は「変更なし」。ただしその下にカッコ付きで、「標準的な交付額を適用する単収の更新を検討」とも書かれていた。補助金を出す際の基準とする単収を、いずれ引き上げるという意味だ。基準収量を引き上げれば、補助金を受け取るための条件は厳しくなる。

たんに財政の論理に背中を押されただけではなく、条件を厳しくする動機は農水省にもあった。補助金が拡充され、現在の形になったのが二〇一四年。それまでは思うように飼料米への誘導が進んでいなかったが、以降は作付けが増え、主食米の需給を引き締めることができるようになった。

米価の下支えは稲作農家の多くや農林関係議員の要求であり、その意味で飼料米は期待通りの効果を発揮した。だがコメ農家がコメをつくり続けながら米価が下がるのを防ぐというやり方は、あまりに安易だった。

米価が下がれば飼料米が増え、米価が上がれば主食米にシフトするという構造が定着してしまったのだ。コメ政策は完全に袋小路に入った。米価を下げて消費を刺激したり、コメ以外の作物を増産したりするのが難しくなった。

そもそも人が食べるコメと飼料米は政策上、まったく別の位置づけであるべきものだ。コメは窒素肥料を多く使って収量を増やすと、味が落ちる傾向にある。だから多くの農家は窒素肥料を抑制的に使う。食味コンクールの特A競争に象徴されるように、いまやコメは嗜好品の側面も強まっており、量より質を優先することに一定の合理性はある。

これに対し、家畜のエサは増体に必要な栄養価は問題になるが、人の好みと同じ尺度で味を重視することには何の意味もない。もし小麦や大豆、トウモロコシなどの海外産の飼料穀物を、国産のコメで置き換えたいと思うなら、生産性の向上は避けて通ることのできない課題だ。

二〇二四年から実施する内容は、一七年の資料の内容とまったく同じではない。だが多収品種を中心にした助成体系に改める点と、コメ農家が誰でも簡単に手厚い補助を受け取ることができる仕組みを改めようという点では共通だ。これが見直しのもう一つの柱につながることになる。畑作の振興だ。

水田の見直しと食料安保のリンク

二〇一七年の資料のなかで、今回の見直しにつながる内容は他にもある。やはり財務省の指摘として「水田機能を有していない農地等への交付」という言葉が入っていた。あぜや水路がなくなり、コメをつくれなくなった田んぼは、転作補助金の対象から外すべきだというのが、財務省の主張だ。もうコメをつくれない田んぼなら、コメ余りを助長する心配はないからだ。

これが「五年水張り問題」の出発点になった。転作補助金をもらいたいのなら、コメをつくれることを示す必要があるという発想だ。

これだけなら、水田政策の見直しは財務省の主張に沿っただけの内容で終わったかもしれない。ところがこの問題を検討するための新たな要素が加わった。食料安保への関心の高まりだ。増産が必要となる作物は、輸入にほとんどを依存する小麦や大豆、飼料用トウモロコシだ。そこで転作助成の対象から外して終わりにするのではなく、畑作を後押しするために新たな助成の仕組みを設けることにした。

水田政策の見直しは、複数の要素が絡み合って進められている。土地利用型農業を軸とする食料生産の姿が将来どうなるのかは、ここまでの政策変更ではまだはっきり見えていない。それを欠いたままでは、日本の農業の展望は開けない。

例えば、飼料米の多収品種への移行を進めることで、輸入飼料との代替はどこまで可能になるのか。各地で飼料用トウモロコシの生産が始まっているが、飼料自給率の向上という目標のなかで政策上どう位置づけるのか。

畑作化の支援も二万円が適切なのか、六年目から支給を打ち切っても大丈夫なのか。検討が必要なことはたくさんある。農業関係者の間には、これを転作助成からの「手切れ金」と批判する向きもある。過剰な補助金は「捨てづくり」など農家の怠慢を招き、生産性を低下させる恐れがある半面、支援を打ち切っても成り立つのかどうかは未知数だ。

もし本気で畑作を振興したいなら、もっと踏み込んで政策を点検することも必要になる。例えば、水田の転作作物としての助成とは別に、小麦と大豆には十アール当たりでそれぞれ四万三千円と二万九千円の補助金がある。「ゲタ対策」と呼ばれる支援策で、海外との生産条件の差を埋めるのが目的だ。こちらは「五年限り」といった期間の定めはない。

では現行の水準のままで、小麦や大豆は増産できるのか。しかも飼料穀物としてとりわけ重要なトウモロコシにはゲタ対策はない。それで振興は可能なのか。そうした論点を一つひとつ洗い出すこと抜きに、畑作の未来は展望できない。

肝心なのは、生産性の向上と持続可能性をともに追求する制度の構築だ。日本の気候に合った品種や栽培方法の研究も長期的な観点から進める必要がある。テーマは幅広く、既存の政策の延長からはあるべき姿は見えてこない。食品価格の上昇が一服したとき、国民の関心と議論が下火になることも心配だ。いかに農業界だけの狭いロジックに陥るのを防ぎ、国民的な議論を呼び起こすか。基本法の見直しを控えた農政の責任は重大だ。

2 始動したトウモロコシ増産

北の大地に立つ銀色の円柱

真っ白な大地が一面に広がっている。雪が解ければ、ここは広大な畑となる。そのなかに、陽光を浴びて銀色に輝く巨大な円柱が立っていた。

二〇二〇年一月、札幌市の東にある北海道夕張郡長沼町を訪ねた。銀色の大円柱は、トウモロコシを貯蔵するサイロだ。隣にある倉庫のような建物に入ると、人の背丈に迫る袋が積んであった。なかに入っているのは乾燥したトウモロコシの粒で、一袋当たりの重さは約一トン。フレコンバッグだ。機械でこの粒を粉砕し、家畜のエサにする。

変革期を迎えている日本の農業を変えるかもしれない挑戦が、ここで始まっている。施設を運営しているのは、地元の農家グループだ。

飼料用のトウモロコシは実や茎、葉を一緒に裁断し、発酵させてエサにするケースと、実だけをエサにするケースの二つがある。同じ品種でどちらも可能。彼らがつくっているのは後者で、一般に子実用トウモロコシと呼ばれる。そこで彼らはグループを、「北海道子実コーン組合」と名づけた。

発端は二〇一二年にさかのぼる。長沼町の農家の柳原孝二の畑では、大豆などの収量が落ちたり、病気になったりするなどの障害に悩まされていた。同じ畑で同じ種類の作物をつくり続けることで起きる連作障害だ。

そこで栽培を始めたのが、子実用トウモロコシだった。作物のバリエーションを増やし、障害を抑えるのが目的だ。実を収穫した後、畑に残った葉っぱや茎を土に混ぜ込むので地力も高まる。きっかけは栽培上の都合だった。

しばらくすると、他の農家も子実用トウモロコシをつくり始めた。同じように連作障害をなくしたいと思って始める農家もいれば、「新しいことに挑戦したい」という動機で始めた農家もいた。生産者の数が増え、栽培面積が百ヘクタールに近づいたところで、共同で飼料用に加工し、出荷するための組合を立ち上げた。連携すれば、出荷の効率や販売力が高まる。二〇一五年のことだ。

コメを圧倒する生産効率

やってみて気づいたのは、栽培が圧倒的に楽ということだ。多くのメンバーが栽培に熟達した段階のデータを見てみよう。農水省によると、コメをつくるのに必要な時間は、組織法人経営で〇・一ヘクタール当たり年十三・四時間。では子実用トウモロコシはどれだけ時間がかかっているのだろうか。

答えは「一・九時間」。酪農学園大学の研究者が、柳原など三人を対象に調査した。いずれも麦や大豆と共通の機械でトウモロコシを収穫するなど効率化を進めており、組合のなかでも先進的なメンバーだ。ただし、だから例外というわけではなく、栽培に慣れれば誰もが栽培時間を短縮できると感じている。

これが飼料用にトウモロコシを選ぶべき大きな理由だ。農水省はこれまでコメを飼料に回すよう補助金で誘導してきた。補助金の水準をいったん脇に置けば、それ自体は否定すべきことではない。だがその先に立ちはだかる問題がある。人手の確保の難しさだ。日本の産業全体を覆う人手不足は農業も例外ではなく、いかに効率的に生産できるかが持続可能性のカギを握る。

これは、農地の保全という食料問題の根幹のテーマにつながる課題だ。高齢農家の引退で、担い手に急激に農地が集まりつつある。それを効率的に運営し、守るうえでコメとトウモロコシのどちらが適しているだろうか。

しかも強みはたんに労働時間が短いことだけではない。稲作は〇・一ヘクタール当たりの収量が五百キロ台。これに対し、柳原たちはトウモロコシで一トンの収量を上げることが可能になっている。念のために触れておくと、芯を除いた実だけの収量。多い人は一・三トンを記録している。

栽培に使う除草剤は金額ベースでコメの半分。柳原は「まるで別次元。コメと比べる意味がない」と話す。メンバーたちも「ほとんど手間をかけずにすむ」「作業時間はもっと減らせる」と生産性の高さを強調する。

飼料米は家畜の生育に影響

飼料としてコメより適している点も重要だ。農水省のホームページによると、牛の場合は「給与方法や栄養価に十分注意すれば、配合飼料の二〇％程度まで、トウモロコシから飼料用米に置き換えることができると考えられる」。裏返せば、それ以上高めると牛の成育に問題が生じることを示す。

実際、農水省は「加工した飼料用米は消化速度が速いことなどから、多給すると消化器の障害であるルーメンアシドーシスを起こす可能性がある」と注意喚起している。ルーメンアシドーシスは「ルーメン（第一胃）内が急激に酸性化し、正常な消化や吸収ができない状態」を指す。防ぐには、飼料の切り替えを注意深く行い、粗飼料を十分に給与することが必要になるという。

豚を育てる際にも飼料米には家畜の生理に影響する懸念があり、給餌限界が設定されている。

鶏の割合は一〇〇%置きかえることが可能だが、割合が高まると卵黄や肉の色が薄くなるなどの影響が指摘されている。

結局のところコメを家畜のエサにしたのは、コメの生産を続けながらコメ余りを解消したいという農家の都合を、畜産に押しつけたという面が否めない。湿田が多いなどコメ以外の作物をつくりにくい地域ならその妥当性もあるだろうが、新たな選択肢への挑戦を阻むべき根拠にはならない。

需要は青天井

柳原たちが飼料用トウモロコシの栽培を始めたのは、連作障害をなくすのが目的だった。だがウクライナ危機による飼料価格の高騰で、北海道子実コーン組合の注目度は一気に高まった。そのさなかの二〇二二年五月に再び北海道を訪ねると、柳原は「需要は青天井の状態にある」と語った。

北海道子実コーン組合のトウモロコシの価格は、以前は海外産の約二倍だった。新型コロナの流行が一服することへの期待で二〇二一年に国際相場が上がり始め、両者の差が一気に縮小した。そこにウクライナ危機による高騰と円安が重なり、一時両者の差はほとんどなくなった。

柳原が二〇一二年に栽培を始めたとき、面積は六ヘクタールだった。その後、十年あまりで道内各地に作付けが広がり、集荷も含めると、九百ヘクタールに迫るまでになった。農協も柳原たちに飼料用トウモロコシを出荷している。

取扱量が飛躍的に増えたことで、売り先も広がった。

北海道の農場は日本のなかでは規模が大きい。それでも米国など農業大国の広大な農場と比べれば、一経営当たりの面積は狭く、生産性に差があるので、価格面では張り合えない時期が続いた。そのため、生協など国産飼料を評価してくれる事業者と連携し、養鶏場や養豚場で利用を促してきた。

地道な取り組みが実を結び、販売先と農家数がともに増える好循環が始まった。フレコンバッグはもはや「小分け」と言うべき量でしかなくなった。その結果、二十トンをトレーラーにまとめて載せることも可能になり、これまで輸入物を扱ってきた飼料工場への納入に道が開けた。

柳原たちが栽培を模索し始めたときと違い、いまや飼料穀物は国策の位置づけになりつつある。時代が追いつくというのは、こういうことを言うのだろう。では、なぜいままで同様の取り組みが少なかったのか。「つくるのは難しいという先入観があったのだろうか」。柳原は少し考えてからこう話した。「日本は瑞穂の国」という思いが、農家と国民の間にあまりに根強かったのかもしれない。現場の挑戦がそれを打ち破る。

ＪＡ全農みやぎの挑戦

飼料穀物の増産に官民で正面から向き合うことは、日本の食料問題にとって大きな意味がある。事態をマクロで見れば確かにそうだが、農業の現場にはそれぞれの事情がある。日本の農業に新たに農地を開拓する余地はほとんどなく、既存の農地にはすでに直面している個別の課題がある。

つまり飼料穀物を本格的に振興するには、どの地域にその必然性があるのかを見定め、戦略を練る必要がある。北海道子実コーン組合の場合、連作障害が深刻になっていたことが、チャレンジの引き金となった。

全国農業協同組合連合会の宮城県本部（ＪＡ全農みやぎ）もそんなケースの一つだ。二〇二二年から飼料用トウモロコシの振興に乗り出した理由をたずねると、本部長の大友良彦は「大豆の生産をしっかり守ることが必要だった」と答えた。国際情勢とは別の観点から、取り組みの経緯を説明し始めた。

宮城県は北海道に次ぐ大豆の産地であり、大友が強調するように「県にとって大豆は極めて重要な作物」だ。そして他の産地と同様、宮城もコメの転作作物として大豆を生産している。ブロックローテーションが基本だが、コメの生産調整が増えるのに伴い、大豆を連作することが多くなった。

この状態を放置すれば、連作障害で収量や品質に問題が生じ、産地の競争力の低下を招く。豆腐や納豆の原料として国産大豆の需要が高まっていることは、主産地である宮城にとって大きなチャンスになる。長期的に見れば、代替タンパクとしてのニーズもあるだろう。それを確実につかむためにも、栽培の立て直しが急務になっていた。

雑草も悩みの種だった。大豆は使える農薬の種類に制約があり、すべての雑草を排除するのは難しい。そこで手作業で雑草を刈っているが、どうしても刈り残しが出る。それを大豆と一緒に機械で収穫すると、雑草の液が大豆について「汚粒」となる。その結果、値段が下がる。

考慮に入れるべき条件はさらにあった。栽培の効率性だ。北海道子実コーン組合の説明でも触れたが、農業界は人手不足が深刻になっており、新たに取り入れる作物は少ない労力で大面積をこなせる必要がある。

大豆と交互につくることで連作障害を回避し、雑草で汚粒が発生するのを防ぎ、しかも人手をかけずに栽培できる。そんな魔法のような作物はあるのだろうか。答えは一つしかなかった。北海道子実コーン組合と同様、選んだ作物は飼料用トウモロコシだった。

大豆を救う魔法の作物

大豆の輪作の対象として、トウモロコシにはいくつかの利点がある。生産効率の高さに加え、大豆と違って成長が速いので雑草に負けないのもメリットだ。雑草も最初のうちは発芽して生えてくるが、一気に丈が伸びるトウモロコシの影に隠れ、日が当たらずに途中で枯れてしまう。発芽しないままなら翌年、大豆を植えたときに生えてくる可能性がある。だがいったん芽を出してから枯れるので、翌年再び生えてくることはない。その結果、汚粒が発生するリスクを抑えることができる。

トウモロコシが地中深く根を張る点も、大豆にとっては好都合だ。大豆は水に弱いが、トウモロコシのおかげで水はけが改善するのだ。転作の必要に迫られたとはいえ、そもそも田んぼで大豆を育てること自体に無理がある。稲との輪作で抱えたハンディを、トウモロコシなら解消できる。

一方、大豆との組み合わせは、トウモロコシにとっても有利に働く。トウモロコシは成長力が強い分、多くの肥料を必要とする。その点、大豆は共生している根粒菌の働きで空気中の窒素を固定する。「マメ科の植物を植えると土が肥える」と言われるゆえんだ。これがトウモロコシに必要な肥料を補う。

ＪＡ全農みやぎの飼料用トウモロコシ栽培は、こうした背景のもとでスタートした。呼びかけに応じ、古川農業協同組合（ＪＡ古川、宮城県大崎市）が栽培に取り組んだ。初年度は三十人の農家が参加し、九十二ヘクタールを作付けした。この規模を一気に実現できる点にＪＡグループが取り組む意義がある。さらに二〇二三年は大幅に面積を増やすことを計画している。

稲作にもプラスの刺激

ある作物を振興したいと思う際、現場の事情にうまくマッチすることが重要になる。その関連で、ＪＡ全農みやぎの飼料用トウモロコシの振興には思わぬ副産物があった。稲作にもプラスの影響が出そうなのだ。

高齢農家の引退に伴い、担い手が引き受ける田んぼの面積がどんどん増えている。その際、ネックになってくるのが育苗だ。本部長の大友は「育苗には大変な労力がかかるため、大規模化を妨げている」と話す。

解決方法として期待されているのが、育苗を省くことのできる乾田直播だ。ところが雑草に悩まされたり、収量が減ったりすることがあるため、多くのコメ農家が導入に二の足を踏んでいた。問題を克服するには、農協や研究者、農家が協力して栽培方法を工夫する必要がある。

ここで飼料用トウモロコシの栽培が農家たちに刺激を与えた。性能は高いが、まだあまり普及していない播種機をメーカーが貸してくれたのが、きっかけだ。多くの農家は大豆の播種に使っている機械でトウモロコシの種をまいたが、それと比べるとメーカーに借りた機械がずっと効率が高かった。

この播種機は乾田直播でも使うことができる。そこで農家の間から「これからは田植えではなく、やっぱり直播きだ」という声が出るようになった。新型の機械に接し、生産意欲が刺激されるのは、農家の良きスピリッツだろう。きっかけさえあれば、新しいことに挑んでみたいと思う農家は決して少なくないのだ。

日本の農業はいま大きな構造変革期にある。そのなかでいかに必然性があり、農家に納得してもらえる形でこれまでとは違う生産体系をつくり上げるか。ＪＡ全農みやぎの取り組みはその点で、多くの示唆に富んでいる。

第2章

日本農業を襲った肥料高騰

不連続と闘う農

1 肥料の輸入依存の危うさ

安定していた肥料の需給バランス

穀物価格の上昇と並び、ウクライナ危機があぶり出したのが、化学肥料の原料の多くを輸入に頼る脆弱な生産構造だ。

相場を決める最も大きな要素は、言うまでもなく需要と供給のバランスだ。では世界的に見て、肥料の需給バランスはどうなっているのか。肥料の消費量と穀物の生産量の関係を見ると、二〇一〇年以降、肥料消費はそれほど増えていないのに、穀物生産は着実に増えてきた。農業にとって好ましい傾向だ。

この点について、肥料の原料を輸入し、製品をJAグループに売る立場にあるJA全農は二つの理由を挙げる。一つは「品種改良の技術が向上し、施肥を増やさなくても穀物生産を増やせるようになった」。もう一つは「国際的に環境問題への関心が高まり、化学肥料の投与を抑えるようになった」。収量が減って食料価格が上がるのを回避しながら、無駄な施肥を減らす取り組みが、各国で盛んになったのだ。

こうした状況から、ほんの数年前までは、肥料の供給に余裕のある状態が今後も続くと見込まれていた。ＪＡ全農は「需要に対して供給力がそれなりに多いため、本来なら足りなくなるような状況にはない」と強調する。

高騰の引き金引いた中国とロシア

ところが予想に反し、肥料価格は大きく上昇した。

データを確認しよう。ＪＡ全農の調べによると、リン酸アンモニウムの国際価格の指数（二〇一七年一月＝一〇〇）は二〇年一月の八〇・二から鋭いカーブを描いて上昇し、二二年四月は三九〇・九に上がった。同じ期間に塩化カリも一二〇・四から四九一・八に上昇した。

二〇二〇年以降に三つの節目があった。

まず二〇一八年から一九年にかけて中国の養豚業界を襲ったアフリカ豚熱の影響が和らぎ、飼料穀物の需要が急増した。これに伴って肥料のニーズも高まり、二〇年の半ばごろから緩やかに相場が上がり始めた。

次も中国の影響だ。リン酸アンモニウムの主な輸出国である中国が国内供給を優先し、二〇二一年十月に輸出検査を厳しくした。これをきっかけに国際相場が大きく上昇した。

さらに事態を悪化させたのが、肥料の輸出大国であるロシアによるウクライナ侵攻だ。ロシアや同国と連携するベラルーシはとくに塩化カリの生産が多く、塩化カリを中心に他の肥料の国際価格も急騰した。

輸入尿素は二倍に引き上げ

この間、ＪＡグループは相場高騰にどう対応したのか。

ＪＡ全農は、各県にある本部などの地方組織に販売する肥料の値段を秋肥（六〜十月）と春肥（十一〜五月）に分け、年に二回改定している。同じように、ＪＡ全農が肥料メーカーから仕入れる価格も年に二回見直している。

まず肥料メーカーが音を上げた。二〇二二年に入り、ＪＡ全農に納入価格の引き上げを要請したのだ。ＪＡ全農は二月から、一部の品目で仕入れ価格の見直しに応じた。ただこのときは、ＪＡ全農などが積み立てた「肥料協同購入積立金」を取り崩すことで、販売価格の期中改定は回避した。

持ちこたえることができたのはここまでだった。

二〇二二年六〜十月に販売する秋肥の値段は、国際価格の上昇を反映させて引き上げた。窒素とリン酸、カリを各一五％含む基準銘柄の化成肥料の価格を、春肥と比べて五五％引き上げた。輸入尿素は九四％と、ほぼ二倍の大幅引き上げとなった。国際情勢の激変は、こうして生産者を直撃した。

次の焦点が、春肥の価格だった。肥料の国際相場は四月を境に調整局面に入り、その後やや落ち着きを取り戻していた。だが販売価格を左右するのは国際相場だけではない。このとき最も影響が懸念されたのが円安だ。

日米の金利差が響き、六月に一ドル＝一三〇円台前半で推移していた円相場は、九月に入ってから一四〇円台半ばまで下落した。日本は肥料原料の九割以上を海外から輸入しており、円安の影響をまともに受ける。

結果は国際市況が大きく軟化した輸入尿素が九％の値下げとなったほかは、軒並み上昇した。基準銘柄の化成肥料を一〇％上げ、塩化カリは三一％引き上げた。予想通り、大幅な円安で調達費が上昇したことが影響した。

輸出大国中国の終焉

肥料価格の上昇は、かつてない形で農業経営を圧迫した。では今後、もとの状況に戻ることはできるのか。答えはおそらく「ノー」だ。

日本はこれまでリン酸アンモニウムの約九割を中国から輸入してきた。中国が輸出を制限したことを受け、ＪＡ全農は海運を急遽手配し、モロッコから調達した。その結果、足りなくなるような事態はかろうじて避けることができた。だが中国と違い、遠いモロッコから運んでくると、輸送費が当然かさむ。

ここで中国の動向を確認しておこう。中国のマクロ経済を所管する国家発展改革委員会は二〇二一年七月、一部の肥料メーカーが一時的に輸出を停止すると発表した。さらに中国税関総署は、化学肥料を輸出する際に行う品質検査を十月十五日から強化すると発表した。様々な化学肥料の輸出がそれ以降、ほぼストップした。原料を中国に頼る日本にとって激震だ。

中国が肥料の輸出を本格的に再開するのなら、問題は一過性ですむ。だが期待とは裏腹に、事態はそういう方向にむかいそうにない。

農林中金総合研究所の理事研究員、阮蔚(ルアンウエイ)の著書『世界食料危機』(日経プレミアシリーズ)を参考に根拠を探ってみよう。肥料の原料のうち、カリ鉱石の採掘可能な埋蔵量の六〇%近くがカナダ、ロシア、ベラルーシに集中している。リン鉱石は、モロッコと西サハラが世界の七一%を占める。空気を原料に製造できる窒素と違い、この二つは資源量が決定的な意味を持つ。

それにもかかわらず、中国は化学肥料の輸出で上位に食いこんでいる。同書によると「肥料資源に富んでいるわけでもない中国が上位にいるのは、大人口を養うために化学肥料を大量に使って小麦、コメ、トウモロコシの生産を拡大するしかなかったため」という。

中国は化学産業の成長と並行して肥料の生産を増やし、穀物を増産してきた。ところが食料需要の伸びが落ち着き、化学肥料の過剰使用による土壌劣化も指摘されるようになったため、使用を抑えるようになった。

その結果、化学肥料産業は生産過剰となった分を輸出に回し始め、二〇〇五年から肥料輸出が急増した。だがそんな時期も長くは続かず、輸出国としての存在感がこれから小さくなろうとしている。肥料の製造は環境への負荷が大きいことに加え、リン鉱石とカリ鉱石の枯渇のリスクが高まったことも背景にある。

「中国にとっては、主食穀物の自給自足と農業用肥料の自給自足の同時達成が、必要な国家目標なのであり、肥料輸出が終わるのは必然的ともいえよう」。同書はそう結論づけている。

こうして中国からの輸入に依存していた日本は岐路に立った。

肥料対策の複雑な計算式

あまりに急激な肥料価格の上昇に、農家の間から悲鳴が上がった。農水省はこれを受け、二〇二二年十月に肥料費の増加分を補填する制度をスタートさせた。燃料費や人件費なども上がっていた。たとえコストアップ全体の一部であっても、公的な支援で埋めることができるのは、農家にとって朗報だった。

この対策には、農政がいま何を重視しているかを理解するうえでカギとなる要素が含まれていた。中身を具体的に点検してみたい。

交付金の計算方法は「支援額＝肥料コストの増加分×〇・七」。全額を対象にしないのは、他産業も苦境にあったことを考えれば当然のことだろう。そもそも民間の経済活動への公的な支援は、限定的であるべき性質のものだ。食料は大切なので全額補助すべきだ、という主張は通用しにくい。

「肥料コストの増加分」の算出の仕方は、ちょっと複雑だ。農水省が定めたのは「肥料コストの増加分＝当年の肥料購入費－(当年の肥料購入費÷価格上昇率÷使用量低減率)」。この式に政策の意図が込められている。

まず「当年の肥料購入費」は、各農家が払った実費を指す。注文票や領収書で確認する。これに対し「価格上昇率」は、農水省の農業物価統計をもとに、全国一律の数値を使う。ここが今回の対策の一つの特徴だ。

統計の上昇率を使わず、実費をもとにコストの増加分を計算したほうがフェアのように見える。だがその場合、施肥の合理化を進めてコストの増加を抑えるほど、もらえる交付金の額は少なくなる。反対に、合理化に努めなかった農家はそれだけ肥料の購入費が増えるため、交付金が多くなる。

こうした点を踏まえたうえで、農水省は上昇率を一律とみなすことで、施肥の合理化に努めた農家ほどメリットが大きくなるようにした。

仮定の数字でイメージをつかんでみよう。二〇二二年の肥料コストが百五十円の農家Aと農家Bがいたとする。Aの二一年のコストは百円で、Bは百三十円。統計の上昇率が一・五だとすると、Aの計算上の増加率は五十円で実態と同じ。これに対し、Bは実際の増加額を二十円に抑えたにもかかわらず、五十円増えたと見なしてもらえる。つまり実態より補塡額が多くなる。

しかも、右に示したように「肥料コストの増加分」の計算式にはさらに先がある。「当年の肥料購入費÷価格上昇率」で出した数値を、さらに「使用量低減率」という数値で割り込むのだ。農水省が決めた低減率は一律に「〇・九」。わかりやすく言うと、「当年の肥料購入費÷価格上昇率」の数値を一割多くした金額を、前年の肥料コストと見なして増加額を計算するのだ。

ここで「使用量低減率」という言葉を使った点に、農水省の意図が表れている。最初の計算式に戻れば、「支援額＝肥料コストの増加分×〇・七」が示すように、対策はコストの増加分の七割を補塡することを目的にしている。ところがこの増加分はこれまで通りの肥料のやり方ではなく、使用量を一割減らすことを前提に考えている。それが「低減」の意味だ。

なぜこんなわかりにくい計算式にしたのだろうか。そのことを考えると、肥料価格の上昇への対応よりもっと大きな農政のうねりが見えてくる。

みどり戦略への誘導

肥料対策の背景にあるのが、農水省が二〇二一年に決定した「みどりの食料システム戦略」だ。脱炭素や生物多様性の維持を求める国際潮流に合わせ、農薬や化学肥料を大幅に削減する目標を掲げた。詳細は第4章で述べるが、肥料対策はこの戦略を推し進める方向で設計してあった。

肥料の使用量を一割減らすのを前提に計算式をつくったのはその象徴だが、影響はそれだけではない。助成を申請するにあたり、化学肥料の使用量の削減をいかに進めるかを示す「取組メニュー」の提出を求めた。

項目は「土壌診断による施肥設計」や「生育診断による施肥設計」「堆肥の利用」「緑肥作物の利用」など。項目の二つ以上に「〇」を記入し、交付金を申請する。期間は二〇二二年度から二三年度までの二年間だ。

結果的に化学肥料の削減量が十分でなかったなどの理由で交付金の返還を事後的に求めたりはしない。ただ取り組みの実績については報告してもらう。交付金を渡して終わりにするのではなく、化学肥料の削減に長期的に取り組んでほしいという政策意図を明確にするためだ。

農水省の担当官はこの点について、「肥料価格の高騰を、みどり戦略に沿った行動変容のきっかけにしてほしい」と強調する。化学肥料の削減は農政の大きな目標だが、現場がそれに取り組むには何かしらきっかけが要る。交付金の申請と併せ、そのアクションを起こすことを農家に求めた。

この内容に対し、一部の農家の間でちょっとした驚きが広がった。「肥料対策にみどり戦略を絡めるのはやめてほしい」。そんな声がＳＮＳで広がった。肥料価格が上がって厳しい状況にあるのに、長期的な取り組みであるはずの別の政策に結びつけるのは筋違いではないか。反発を要約すればこんなふうになるだろう。

確かに、急を要する短期的な措置を、長期の政策目標に資するよう制度設計することに戸惑うのは理解できる。しかも、なぜみどり戦略が重要なのか、それで日本の農業はどんな姿になるのか多くの農家は納得できていないからだ。

一方、筆者が複数の農家にじかにヒアリングしたところ、制度の中身について全員が「問題ない」と答えた。属性が偏るのを避けるため、数ヘクタールの小規模農家から、売り上げが数十億円の農業法人まで聞いてみた。ＪＡ全農に問い合わせても「問題視する声は聞いていない」との回答を得た。

ヒアリングを通して感じたのは、政府の支援は経営戦略の選択肢の一つに過ぎないというスタンスだ。関心があるのは制度の細かい内容ではなく、いかに実際に施肥量を減らすかにあった。政府による対策は一時的なものであり、経営を守るためには自助努力で効率化すべきだと考えているからだ。

では農業者たちがどんな手を打ったのかを探ってみよう。

2 コスト増が促す営農の再点検

肥料削減は人件費と見合いで

「補助金は用量と用法を守って正しくお使いください」

千葉県野田市の農家、荒木大輔がよく使うフレーズだ。二〇一五年、三十四歳のときに実家で就農した。二人のスタッフを雇い、二・四ヘクタールの畑で枝豆やパクチー、キャベツなどを育てている。主な出荷先は、地元のちば東葛農業協同組合（JAちば東葛、千葉県柏市）。肥料も農協から買っている。

以前は肥料の購入費が経費の五％程度を占めていた。二〇二二年はこれが七～八％に高まった。二～三ポイントの上昇で収まったことについて、荒木は「値上げの影響を和らげることができた」と話す。想定より上げ幅を小さく抑えることができたのは、地元の農協が機動的に対応したからだ。

ＪＡグループは六月と十一月に肥料の値段を決める。先述のように、大きく上がったのは二〇二二年六月。地元の農協はそれを見越し、二一年十一月の改定時に「在庫を持つ余裕のある人は、六月の改訂前に追加注文してほしい」と呼びかけた。中国の輸出制限などで相場が上がり始めていたからだ。

これを受け、荒木は例年より多めに注文した。納入されたのは二〇二二年二～三月。その結果、六月以降に購入する肥料を減らすことができた。とくにまとめて買ったのは、一年中栽培しているパクチーで使う肥料だ。

課題はこの先だ。二〇二二年十一月以降に買う肥料は、六月と十一月の二度の値上げが重なり、二一年と比べて大幅に上がった。

そこで荒木が取り組むことにしたのが、施肥の合理化だ。ＪＡ全農の千葉県本部（ＪＡ全農ちば、千葉市）の土壌分析センターに畑の土のサンプルを送り、施肥量を減らすことのできる圃場を探すことにした。これまでも定期的に送っていたが、今回はサンプルを増やして細かく調べることにした。

ただし、土壌分析の効果については「施肥量がちょっと減ったらいい程度」と話す。荒木は、窒素とリン酸、カリの三要素がバランスよく入った肥料をメインで使っている。もし本格的に肥料の投入量を減らそうと思えば、三要素を分けて施肥設計する必要がある。例えば、土壌分析の結果で窒素が十分足りていることがわかったら、リン酸とカリだけを入れることになる。

ここでネックになるのが人件費だ。荒木の農場は経費のうち約半分を人件費が占めている。三要素を別々に買って必要な分だけ投入すれば、施肥量を合理化できるかもしれない。だがその分、スタッフが施肥に費やす時間が増える。荒木は「人件費が増えてしまっては本末転倒」と指摘する。

今後も使うのは、三要素がともに入った肥料だ。土壌分析は肥料を減らすのが目的だが、三要素のいずれも過不足なく土に入っているような完璧な状態は目指さない。人件費と天秤にかければ、現実的な選択だろう。

では農水省の肥料高騰対策をどう見ているのか。そう聞くと、「もちろん申請する」と答えた。土壌分析に着目した理由もそこにある。荒木は「支援の仕組みに土壌診断が入るのはあらかじめ予測できた」と話す。読み通り、農水省の「取組メニュー」には、「土壌分析による施肥設計」が入った。

肥料対策についてヒアリングしたとき、「わかりにくい」との声が一部の農家にあった。同じことを荒木に聞くと、「どこが?」という反応。農政に対する荒木の考え方について、もう少し掘り下げてみようと思う。

ＪＡの経験で制度を熟知

荒木は東京農業大学を卒業した後、全国農業協同組合中央会（ＪＡ全中）に就職した。実家で就農することも考えたが、祖母から「こんなもうからない仕事はするな」と反対され、いったん外で働いてみることにした。

ＪＡ全中は各農協に対して農政や農協の組織運営などに関する情報を提供し、意見を集約するのが主な仕事だ。荒木は農政の動向に関する資料のとりまとめや、農産物販売に関する研修会の準備などを担当した。

体力のことを考えると、思う存分農業をやるにはもう先延ばしできないと思って就農した。すると予想外のことが起きた。近隣の農家が補助金や融資の申請方法を教えてもらおうと、相談に来るようになったのだ。

このノウハウは、新型コロナで農水省が設けた支援策を使う際にも生きた。補助金を原資にスプリンクラーと軽バンを導入したのだ。

支援策の名前は「経営継続補助金」。マスクの購入など「感染拡大防止の取り組み」を対象にしたものと、機械の購入や販路の開拓など「経営継続に関する取り組み」を対象にしたものの二つがあり、後者を利用した。

補助率は経費の四分の三で、支給上限は百万円。経費のうち六分の一以上が、コロナ対策に関連していることが条件になる。従業員同士の接触を減らしたり、少人数で作業できるようにしたりする省力化投資などだ。

荒木はスプリンクラーがコロナ対策と認められた。以前使っていたのは、地面にはわせた八本の灌水チューブ。水道の蛇口から引っ張ってきた長いホースとこれをつなぎ、水をまいていた。この作業がかなりの負担になっていた。チューブとホースを順番につなぎ直すのに、かなり時間がかかるからだ。

これに対し、スプリンクラーは畑の真ん中に一台置けば、全体に水をまくことができる。荒木は二人のスタッフを雇っており、どちらかがコロナに感染すれば、水やりが滞ったり、水やりに時間をとられて他の作業に影響したりする可能性がある。スプリンクラーは、その対策として認められた。

補助金活用に必要な情報のアンテナ

「コロナ対策が経費の六分の一以上」との関係はどうだったのか。スプリンクラーと軽バンの購入費は合計で百四十二万円。その六分の一は二十三万七千円で、スプリンクラーは二十四万円。ぎりぎりのところで条件をクリアした。ただし、支給額は上限が百万円だったため、残りは自己資金を充てた。

軽バンを買った目的も見てみよう。運ぶ作物はパクチー。売り先は千葉県内の卸会社で、コロナの影響で飲食店向けの売り上げが急減した。運送費を圧縮するため、仕入れ先を近場に絞った。その対象が荒木だった。

「ここは攻めるべきだ」。そう思った荒木は、二つの手を打った。一つは周年栽培。これまでは四~八月は出荷していなかったが、他の作物の栽培に支障が出ないようにやりくりし、一年中出荷することにした。さらに近くの農家からも仕入れ始めた。通年の販売量は四倍に増える見通しになった。

そこで必要になったのが軽バンだ。それまでパクチーを運んでいた車では、積みきれなくなったからだ。コロナで農業が混乱するなかで荒木は、販売を増やすチャンスに恵まれ、補助金で出荷体制を整えた。多くの農家は売り上げが減って補助金を申請したが、荒木は需要が増えたために利用した。

手厚い補助金には批判もある。だが問題なのは経営の規模や内容の向上に結びつかない使い方であって、うまく活用して営農の発展に役立てるのは非難されるべきことではない。「補助金に頼りたくない」というポリシーがあるなら別だが、そうでないなら「賢い使い方」を考えるべきだ。

農水省が肥料対策を打ち出したときも、荒木は内容を予想し、いち早く作戦を考えた。そのために日ごろから情報収集のためにアンテナを張り、県の出先機関や農協の担当者と接して政策の流れを読む。それを日々心がけているから、多くの農家が「わかりにくい」と困惑した肥料対策の中身と狙いをすぐ理解することができた。農家は生産者であるとともに経営者でもある。情報への感度を高めるのは当然だろう。

リスクを伴う決断の結果は「吉」

肥料価格の高騰で農業界は一時騒然となった。だがふり返ってみれば、それは営農のあり方を見つめ直す契機でもあった。安価な化学肥料がいくらでも手に入る状況は、いずれ壁に直面する可能性があったからだ。

次に取り上げるのは、千葉県柏市の稲作農家の吉田竜也だ。面積は十九ヘクタールで、作業は基本的に一人でこなしている。農協に出荷しているほか、独自のパッケージをつくって一部は消費者に直接販売している。

吉田の場合、経費全体に占める肥料の割合はここ数年、そもそも上昇傾向にあった。二〇一八年と一九年はいずれも七・六％だったが、二〇年には九・五％に上昇し、さらに二一年には一〇・九％に高まった。

稲作は主に田植えの時期に肥料をまくため、二〇二二年に使った肥料は二一年十一月改定の値段で買ったものだ。そのため、まだウクライナ危機による肥料価格の高騰は経営に影響していなかった。ただ危機の前から徐々に値段が上がっていたことを踏まえ、二二年に施肥を大胆に見直した。

使っている肥料は三種類ある。名前を仮にA、B、Cとする。肥料Aは有機肥料で、収量はあまり多くないが、おいしいコメができる。主に消費者に直接売るコメに使っている。この施肥量は変更しなかった。

変えたのは、肥料Bと肥料Cの量だ。いずれも有機肥料と化学肥料のどちらも入っている。二〇二一年は肥料Bが圧倒的に多く、肥料Cの二十四倍まいた。これに対し二二年は比率を逆転させ、CをBの五倍近く投入した。

値段は肥料Cがやや高い。それでもCを増やしたのは、施肥量が二割少なくてすむからだ。量が少なければその分、作業も楽になる。しかも二〇二一年十一月の価格改定は、肥料BよりCのほうが値上げ幅が小さかった。

肥料Cに注目した理由はほかにもある。成分にケイ酸を含んでいる点だ。稲にケイ酸を吸収させると、茎や葉が丈夫になるとされている。大型の台風が襲っても稲が倒れにくくなれば、収量の確保にもつながる。これは重要なポイントだ。農家が直面しているリスクは肥料高騰だけではない。異常気象もそれに劣らず、深刻な不安定要因だ。必要なのは複眼的な思考法。吉田はそれを実践した。

結果はどうだったのか。吉田によると「天候は二〇二一年のほうが良かったにもかかわらず、収量は二二年が上回った」という。肥料Cのおかげかどうかはまだわからないが、少なくとも肥料Bから切り替えても問題ないことは確認できた。

使う肥料を大幅に見直すのは、農家にとってリスクを伴う決断となる。だが吉田は「肥料の価格が上がっているのに、何も手を打たないのは考えられない」と強調する。決断の結果はひとまず「吉」と出た。

3 肥料はオーダーメードで

肥料販売に潜む矛盾

肥料を使う側ではなく、売る側の動きに話を移そう。

肥料の販売は潜在的に課題を抱えている。施肥が適切で土づくりがうまくいくと、使う肥料を少なくできる可能性があるからだ。

農業コンサルティングを手がけるＯＲＧ（オルグ、京都市）代表、木村純也はこの矛盾を解消するため、二〇二一年に大きな決断をした。

木村に会うことになったのは、農業法人のこと京都（京都市）代表の山田敏之へのインタビューがきっかけだ。売り上げが二十億円に迫り、ネギの栽培や加工で国内有数の規模を誇ること京都は、肥料価格の高騰にどう対応しようとしているのだろうか。それを聞くのが取材の目的だった。

山田の話は、パートを増やして社員の残業を減らしているという内容が中心だった。経費のなかで人件費の負担がとくに大きく、それを減らせば肥料代を吸収できる。そんな話のなかでふと思い出したようにこう語った。「施肥の内容を改善するため、コンサルタントと契約した」。それが木村だった。

こと京都の圃場の面積は、京都府内に合わせて三十五ヘクタールある。木村にそのひとつひとつを回って土壌を分析してもらい、施肥の適正化や土づくりについて指導を受けている。うまくいけば肥料をまく量が減り、ネギの品質や収量も向上する。そんな効果を期待して、木村と契約した。

とくに興味深かったのは、木村が自ら経営していた農業資材の販売会社を譲渡し、コンサルティングを始めたという点だ。なぜ施肥設計を指導するため、肥料や農薬を販売していた会社を手放したのか。「彼は頑張っている」という山田の言葉に促され、木村に取材を申し込むことにした。

農家のために事業をリセット

「肥料を売らなければならないという気持ちがどうしてもあった。それをいったんリセットしたかった」。木村は肥料や農薬、マルチなどの農業資材を販売する会社を譲渡した理由についてこう語る。

販売会社を経営していたときも、肥料の使い方を指導していた。指導とセットにしたほうが肥料を売りやすいのもあるが、理由はそれだけではない。土壌に合わせた適切な施肥設計について、十分な指導を受けていない生産者がたくさんいることに気づいたからだ。そこに農業の課題があると感じた。

論文を読んだり、勉強会を開いたりして土壌に関する知識を増やした。農家に土づくりの指導に行くと、「初めて教えてもらえた」と喜ばれる機会も増えた。動物性の堆肥を入れすぎて土が窒素過多になったことなどが影響し、病害虫が発生しやすくなっている畑があることも知った。

木村は肥料を入れすぎて成分のバランスが崩れた土のことを「メタボの状態」と表現する。対処法の一つは動物性の堆肥ではなく、落ち葉でつくった植物性の堆肥を使うことだ。そう考えたとき、木村はジレンマに気づいた。落ち葉なら、農家が買わずに自分で手に入れることができるからだ。

農家のことを第一に考えて仕事しようと思うと、肥料を売る量を増やして収益を上げるのが難しくなりかねない。「資材販売をしながら指導をするのは限界があるのではないか」。そんな思いを募らせた。

木村には他にも悩むことがあった。自社が仕入れて販売している商品より、ライバル業者の商品のほうがいいと思うことがあったのだ。どんな資材を使うべきか、自由に農家に勧めてみたいと考えるようになった。

こうして木村は販売会社を譲り、農家の指導にもっと力を入れることを決めた。ここまで完全に事業をリセットし、再スタートするのはなかなかできない決断だろう。だが思い切って一歩を踏み出したことで、迷いをふり払うことができた。木村は「すごく気持ちよく仕事ができている」と話す。

適切な指導は施肥量を減らす

ここで、農家を指導する際の木村の方針に触れておこう。

土の状態を調べ、作物の生育を促すためにどんな肥料を投入すべきかは当然指導する。だがそれ以上に重視しているのは土づくりだ。一定の時間をかけ、作物を健全に育てるうえで理想的な土の状態とされる団粒構造をつくることを目指す。木村は「それができれば土が肥料を蓄えるための保肥力が高まり、pH（水素イオン濃度）値を調整する機能も向上する」と指摘する。

木村の考え方を理解するため、会社の譲渡に先立ち、京都市内で始めた別の事業も紹介しておこう。養蜂だ。いい土ができれば、植物がしっかり根を張って健全に育つ。ミツバチがその蜜を吸って受粉を手伝い、元気に育つ。土と植物、ハチがともに健全な状態を保つ循環型の農業をイメージしている。

木村の話を聞きながら、北海道で土壌改良に取り組む「ＳＲＵ（ソイル・リサーチ・ユニオン）」という農家の集まりを思い出した。ニュージーランド在住の農業コンサルタント、エリック川辺に定期的に来てもらい、施肥について指導を仰ぐ。そんな活動を三十年以上前から続けている。

かつて川辺に取材したとき、印象に残った話がある。「どのミネラルが植物にどう効くのか」

と聞くと、困惑したような表情をしながらこう語ったのだ。「土の中の様々なミネラルのバランスや微生物、そこで育つ植物など全体のことを考えてほしい」。肥料の成分と植物を単線でつないで考えるべきではないという意味だ。

当時二十代だった農家たちがSRUを立ち上げたとき、上の世代には有償で指導を受けることに懐疑的な声もあった。だが川辺の指導で土壌改良を進めて数年たったとき、メンバーは思わぬ効果を実感し始めた。作物の生育がよくなっただけでなく、投入する肥料を減らすこともできるようになったのだ。

ここにはいくつか重要なポイントがある。まず時間をかけて土づくりをすると、営農にとってプラスの効果が複合的に出る。そして優れた指導には、お金を払って受けるだけの価値がある。そう感じているから、SRUのメンバーたちは川辺について語るとき、いまも感謝の言葉を口にする。

指導の意義を実感してもらい、農家にとって必要な存在になる――。肥料の販売会社の譲渡を決めたとき、木村が目指したのもそうした道だ。「しっかりと成果を出すため、ベストを尽くしたい」と意気込んでいる。

適切に施肥すれば、肥料を減らすことができる。肥料を売る立場にありながら、どう農家に寄り添うか。テーマの本丸は農協だ。

ＪＡの土壌診断で施肥合理化

いま思い返しても、疑問に思う経験が筆者にはある。ある県のＪＡから講演を頼まれた。事前に送った資料で市民農園について触れたところ、「この話題はしないでほしい」と断られた。市民農園の多くは農薬や化学肥料を使わない。だから「資材の販売部門がいい顔をしない」というのが理由だった。

市民農園には消費者と農業の距離を縮め、農業の応援団を増やす意義がある。この県には人口の多い地域も多く、農協が自ら市民農園を運営するチャンスもあると思っての提案だった。結局この講演は実現しなかった。それでよかったと思っている。

ウクライナ危機による肥料価格の高騰は、一部の農協のこうした姿勢に修正を迫った。肥料の販売を増やすのを優先しがちなスタンスを改めることが必要になったのだ。そんな取り組みを、ずっと前から続けている農協がある。ＪＡ全農の群馬県本部（ＪＡ全農ぐんま、前橋市）だ。施肥設計を農家に提案し、「オーダーメード」の肥料を販売している。

どんな肥料を投入すべきかを提案するには、まず圃場ごとに土のサンプルを取り寄せ、土壌の状態を詳しく調べる必要がある。ＪＡ全農ぐんまでそれを担っているのが、群馬県みどり市にある土壌診断センターだ。

主な調査項目は六つある。土壌が酸性かアルカリ性かを示すpH（水素イオン濃度）値と、pH値に影響する石灰の量、葉緑素のもとになるマグネシウムの量、作物の生育に影響するリン酸とカリウムの量、そして施肥のタイミングや量を決める際の手がかりになるＥＣ（電気伝導度）の数値だ。

できるだけ効率よく正確に調べるため、農家が土のサンプルを採取する際のマニュアルもある。例えば、一枚の畑の四隅と中央の計五カ所の土を取り、内容に偏りがないようにする。センターに提出する前に土を乾燥させておくのも重要。湿っていると、診断結果が不安定になるからだ。

同センターでは畑の土のサンプルを提出した生産者に個別に結果を説明するだけでなく、地域の中心的な農家に組合員を集め、土壌分析にもとづく栽培の講習会を開いたり、農協の施設で施肥の説明会を開いたりしている。産地全体の生産性の向上を後押しするのは、農協の重要な役割だ。

セルフブレンド肥料の価値

土壌診断の件数は、毎年一万~二万件の間で推移している。例えば、二〇一七年度に分析した土は、野菜の栽培ハウスが五千八百二十件で最も多く、次が屋外の野菜の畑で五千百八十四件。全体では一万九千七百六十八件に達した。肥料農薬課によると、「全国的に見ても分析件数は多い」という。

ＪＡ全農ぐんまの取り組みには長年の実績があり、地域の担い手の農家を中心に利用が定着している。しかも二〇二一年から肥料価格の上昇が顕著になってきたことで、土壌分析の必要性は一段と高まった。

そこで期待が集まっているのが、土壌分析による効率的な施肥設計だ。その点に関し、ＪＡ全農ぐんまは、ＪＡ東日本くみあい飼料（群馬県太田市）が運営している肥料工場と連携しているという強みがある。

土壌診断の結果で必要な肥料の内容が農家ごとに決まると、それに沿ってＪＡ東日本くみあい飼料が肥料を配合する。商品名は「セルフブレンド」。中身が一律の肥料と違い、農家の依頼に応じて施肥設計してあるため、既製品との対照でオーダーメード肥料と言うこともできるだろう。

セルフブレンドの特徴は、土壌に不足している成分を重点的に投入できるのに加え、すでに土の中に十分ある成分を省ける点にある。

それでも、これまでは内容が一律の肥料よりも値段が高くなることが多かった。既製品のほうが販売量がはるかに多く、生産効率が高いからだ。それがセルフブレンドの普及にとってハードルになっていた。

ところが、中国の輸出制限とウクライナ危機という状況の変化で、セルフブレンドの優位性が高まる可能性が浮上した。もし土中にリン酸が豊富にあり、投入量を減らせるのなら、国際相場の上昇の影響を和らげることができるからだ。リン酸のほとんどを中国に依存する日本にとって朗報だ。

実際、土壌分析で肥料を減らした実績が、ＪＡ全農ぐんまにはある。県内のあるトマト農家を指導したところ、二〇〇七年のリン酸の投入量がそれ以前と比べて六六％、カリウムが六〇％減ったのだ。それでも収量が落ちなかっただけでなく、土壌成分のバランスが改善して規格外品が減った。

当時も穀物と肥料の国際相場の高騰が問題になっていた。二〇〇八年のリーマン・ショックによる相場の沈静化でその後、危機は後退した。だが日本が化学肥料の大半を輸入に頼っている実情を踏まえれば、再び起きた高騰を一過性のものと考えず、施肥の効率化に正面から向き合う必要がある。

肥料を減らす際に一定の混乱が起きる可能性もある。何をどう削減すべきかで判断を誤れば、栽培にマイナスの影響が出かねない。それを防ぐため、ＪＡ全農ぐんまが培った施肥設計のノウハウをグループ内で広く共有することが大切だ。知識や技術を抱え込まず、変化に対応しながら全体で生産力を底上げする。ＪＡグループに最も求められていることだろう。

4 肥料の新たな鉱脈は下水汚泥

下水に潜んでいたリンと窒素

施肥の効率化は、肥料高騰に対応するための一つの方法だ。背景には、化学肥料の大半を輸入に頼っているという現実がある。その問題の突破口になるかもしれない取り組みを紹介しよう。「鉱脈」は意外なところにあった。

神戸市にある大型の下水処理施設「東灘処理場」。その敷地内にある設備で、独自の肥料が製造されている。設備の名前を「リン除去・回収装置」という。

肥料の原料をずばり言うと、人の屎尿に含まれているリンとアンモニアだ。肥料の主な要素には、窒素とリン酸、カリウムの三つがある。窒素はアンモニアの構成要素のため、下水から二つが手に入るわけだ。

製造は次のような工程で進む。まず回収した下水から、設備のなかで汚泥を沈殿させる。その汚泥にマグネシウムを混ぜ、リンとアンモニアをくっつけて結晶化させる。細かい石などの不純物を取り除いたうえで乾燥させ、粉末状にする。これが肥料になる。これまで焼却していた汚泥の有効利用だ。

とくに豊富に含まれているのがリンだ。神戸市のホームページによると、日本が輸入しているリンの量は年間で約十六万トンある。その多くは肥料として利用され、作物を通して人の食べ物になり、やがて生活排水として下水に流入する。そこに含まれるリンは年間五万五千トンに達しているという。

面白いのは、この取り組みが肥料不足を解消するために始まったのではないという点だ。背景には、下水処理施設にとって切実な問題があった。

きっかけは、施設の配管の内側に固形物がこびりつき、流れを悪くするのを防ごうとしたことにある。固形物の成分は、リン除去・回収装置でつくっている肥料と同じ。下水に混入する海水には微量のマグネシウムが含まれており、リンなどの結晶化を進めて管の内側に厚い層をつくってしまうのだ。

その洗浄にかかる手間とコストを減らすため、管にこびりつく前に肥料として取り出すプロジェクトが始まった。二〇一二年のことだ。

実用化に向けた研究開発は、民間の水処理会社と連携して進めた。その成果として「こうべハーベスト」のブランド名でまず野菜や花の栽培を対象に、続いて稲作向けに肥料を商品化した。家庭菜園で使うことも想定し、百グラムの小分けの商品も発売した。実証実験には農協も協力した。

焦点はさらに有機肥料へ

下水からの肥料製造は、もともと肥料不足に対応するのが目的ではなかった。そこで課題になったのが、農家にどう利用を促すかだ。神戸市の施設で生産できる量は年間で百三十トンあるのに対し、二〇二一年度の実績は二十五トン。栽培への影響を心配し、これまでと違う肥料を使うことを、農家はためらうからだ。

ウクライナ危機で状況が一変した。神戸市は肥料の価格が上がったことを受け、こうべハーベストの購入費を補助する措置を二〇二二年八月に打ち出した。具体的には、野菜向けの肥料は十アール当たり八袋（一袋は二十キロ）、コメ向けの肥料は同二袋を上限に補助の対象にした。生育に問題ないとの手応えをつかめば、今後利用に弾みがつくだろう。

もしこれがうまくいけば、農産物を人が食べ、生活排水から肥料をつくり、その肥料を使って農産物を育てるという地域内の循環ができる。海の向こうからはるばる肥料の原料を運んできて、成分の多くを最後は下水処理場で焼却して捨てる流れを断ち切ることができる。

価格高騰を受け、肥料の新たな「鉱脈」として下水を活用する試みはその後、食料安全保障の確立を目指す政府の対策でも取り上げられるようになった。神戸市などの先駆的な取り組みで培った技術は、下水の利用を全国に広げるうえで大きな意味を持つ。各地で導入する動きがこれから具体化していくだろう。

そして国内で調達できる肥料としてもう一つ光が当たりつつあるのが、家畜の排泄物やモミ殻、米ぬか、枯れ葉などでつくる堆肥だ。慣行農業と比べて効率が低いがゆえにマイナーな存在にとどまっていた有機農業が、肥料問題に対応する技術としてにわかに注目を集めている。

どんな生産者が有機農業に挑戦し、どんな未来が見えようとしているのか。このテーマは第4章で取り上げたいと思う。

食品値上げと農産物は別物

穀物の国際相場の高騰は様々な食品価格に跳ね返り、食卓にじかに響く。メディアではそれが「値上げラッシュ」などの見出しで大々的に取り上げられ、消費者は家計が確かに苦しくなったと共感する。これに対し、肥料価格の上昇が日本の農産物の生産にどう影響しているのかは実感しにくい。

日本の食と農の実情に関する理解という点について、気になることがあった。あるラジオ番組で、コメンテーターが次のように語っていたのだ。

「肥料が上がった分を補助する施策はすごくいいと思う。野菜の値段がいますごく上がっていますよね。キュウリなんて、だいぶ上がっちゃったって感じがします。それを抑えるのは家計にとっていいことだと思う」

話題は、肥料の高騰で経営を圧迫されている農家への政府の支援策だった。この数日前、施肥の合理化を条件に、肥料価格の上昇分の一部を補塡する施策を閣議決定していた。そのことについては先に触れた。

間違いなく、このコメンテーターは農家の立場に寄りそう気持ちで発言していた。農家と消費者の利害を対立的に考えようとしない点は評価できる。それでも、この発言に含まれる誤解について考えざるを得なかった。

まず一つ目は、そもそも野菜の値段が上がっていたのかということだ。農水省が発表している食品価格動向調査によると、番組の放送とほぼ同じ時期、二〇二二年六月二十七日の週のキュウリの小売価格は平年比で九二％で、七月四日の週が九一％、七月十一日の週が九九％だ。七月十八日の週こそ一〇八％と平年を上回ったが、「すごく上がってる」と言うべき水準ではない。

国産が上がったらすぐ海外産

試みに番組を聴いた翌日、近くのスーパーにキュウリの値段を確認しに行くと、福島産が三本で税抜き百四十円で売っていた。例年と比べて若干高いのかもしれないが、上昇をことさら指摘すべき値段とも思えない。栽培している農家からすれば、これでも安値だと言いたいところだろう。

あるいはキュウリというのはちょっとした言い間違いで、タマネギの値段が念頭にあった可能性もある。確かに、タマネギの価格は二〇二一年秋ごろから上昇し始め、いっときは平年の二倍、二二年七月十八日の週でも一七一％の水準だった。これを指して言ったのなら「すごく上がってる」という言葉も、あながち的外れではないかもしれない。

そこでスーパーの店頭を見直すと、日本の農業の実情を露骨に示す光景がそこにあった。価格は兵庫県産のタマネギが三個入りで税抜き二百五十八円。そのすぐ横に、四個入りで百二十八円のニュージーランド産のタマネギが置いてあった。ニュージーランド産で少しサイズが大きいものだと、四個入りで百七十八円。買い物客はどちらを手に取るだろうか。

国内産の値段が上がり、店頭での売れ行きに影響しかねない水準だと感じたら、流通業者は代替のきく農産物ならすぐさま海外から調達する。その機動性と柔軟性は消費者にとって恩恵だが、農家にとっては収益の圧迫要因になる。消費者の国産志向は、思うほど確かなものではない。


しかもタマネギの価格が上がったのは、国内最大の産地である北海道が雨の影響で収量が減ったことが原因だった。タマネギの主要な産地の佐賀県産も生育が思わしくなかった。不作だと値段が上がるのは、青果物の常だ。主な輸入先の中国も新型コロナによるロックダウンが響き、日本で足りなくなった分をカバーできなかった。そこで相場が上昇した。

ところが、それで手をこまぬいているような流通業者ではない。中国がダメならニュージーランドとばかりに、国産の横の棚に並べて見せたのだ。消費者にとって日本の流通システムがいかに心強いものかを示す。

ではその仕組みは、農家の立場から見てどう映るだろうか。流通業者の素早い動きに対応し、値段を下げることなど到底無理だ。そしてこんな状況で、コストの上昇分を価格に転嫁することもまた不可能に近い。

いつまで安さを優先するのか

ここでコメンテーターの発言に戻ろう。この人が野菜の値段に触れたのは、肥料価格の高騰で窮する農家への支援策についてたずねられたときだった。つまり、「肥料代が増えたので野菜の値段が上昇した」と思い込んでの発言なのだ。食品全般が値上がりしていることから来る思い込みだ。

同じ勘違いをしている人は決して少なくない。タマネギの値段が上がっているとのニュースを受け、筆者も周囲から「肥料が上がったせいなの？」とたずねられた。コストが上がったので値上げになったと勘違いするのは、ふつうの感覚だ。だがそれをコメンテーターの立場で言ったらどうなるか。

こうした誤解を解き、農業を取り巻く環境の厳しさを理解してもらわない限り、この産業を長期的に持続可能なものにすることはできない。コストの上昇分を生産現場が吸収し続けるのは、困難を極めるからだ。もしそれが可能なら、離農はこんなに進まなかっただろう。

かつて農業取材を始めたとき、スーパーのバイヤーから「国内産地との結びつきをもっと強めたい」といった話をよく聞いた。そのころすでに高齢農家の引退や放棄地の増加による産地の弱体化が始まっていた。

日本の消費者の国産志向は、表面上かなり強く見える。国内産地とのパイプを太くしなければ、スーパーは棚を国産で埋めることができなくなる。だから産地との関係強化に躍起になる。その結果、安定した供給力を持つ産地のバイヤーに対する発言力は以前より強くなる。そんなふうに考えていた。

いまからふり返れば、ずいぶん甘い予想だったと言わざるを得ない。確かにスーパーの店頭だけ見れば、海外の農産物はそれほど多くない。ところが、冷凍食品や加工食品、飲食店のメニューなどを見れば、消費者の国産志向は農家があてにできるほど確かなものではないことに気づく。

そう考えてくると、「家計にとっていいこと」がオチになっているコメンテーターの発言は、本質的なところで農家の立場とズレがあることが鮮明になる。結局のところ、視野に入っているのは、食品価格が上がって家計が圧迫されていることが中心なのだ。安いほうがいい、というのが前提。コストを価格に上乗せできない農家の苦境が目に映っているとは思えない。

大切なのは、農産物の値段が財布に優しいかどうかという足元の話だけではない。本当に直視すべきなのは、このままいけば生産基盤が崩れてしまいかねないという潜在的なリスクではないだろうか。それが顕在化したときはもう手遅れで、「飽食の時代」は過去のものとなる。

第3章

新型コロナの教訓

不連続と闘う農

1 十年安心な販路はない

中国発のパンデミック

二〇一九年十二月に中国湖北省武漢市で原因不明のウイルス性肺炎が相次いで発生した。これが、人類を襲った巨大な災厄の一つとして、歴史に刻まれることになるパンデミックの発端だった。その後の経緯については膨大な類書があるのでここではふり返らない。ただ、本書のテーマである農業への影響を考えるため、国内で起きた最初の出来事には触れておこうと思う。

農業界がいまも大きな節目として記憶しているのが、政府による休校要請だ。これを境に、日本の経済と社会はかつて経験したことのない混乱状況に突入した。その大波は、農業を含む食品業界も巻き込んだ。

首相の安倍晋三は二〇二〇年二月二十七日の新型コロナウイルス感染症対策本部で「全国すべての小学校、中学校、高等学校、特別支援学校について三月二日から春休みまで臨時休業を行うよう要請する」と語った。生徒が集まることでクラスターが発生し、感染が家庭に広まるのを防ぐためだった。

本当の激震が走ったのは、その一カ月あまり後だ。コロナの蔓延に歯止めをかけるためにはより強力な措置が必要だと判断した政府は、四月七日に特別措置法にもとづく緊急事態宣言を発令した。感染が急拡大している東京、神奈川、埼玉、千葉、大阪、兵庫、福岡の七都府県が対象だった。

このときの印象がとりわけ鮮明なのはその後、いつしかコロナへの対処が当然の状態になったからだ。寄せては返すコロナの波を前に、緊急事態宣言とまん延防止重点措置が各地でくり返された。「緊急」という言葉の緊迫感が薄れるほど、このやっかいなウイルスとともにある暮らしは長く続いた。

出口が見えない社会の動揺のなかで、農業も様々な影響を受けた。まず休校により、給食に使われていた食材が行き場を失った。イベントの中止がこれに追い打ちをかけた。緊急事態宣言やまん延防止措置による飲食店の営業縮小や休業で、より幅広い食材の販売に急ブレーキがかかった。

これまで農業にとって最大のリスクは天候不順だった。ところがコロナのもとで、大量の農産物が売り先を失うという想定していなかった困難に直面することになった。

ドライブスルー八百屋の登場

それは「非日常」と言うべき光景だった。

二〇二〇年四月二十三日、千葉県野田市にある物流倉庫。午前十時が近づくと、自家用車が敷地に入り始め、すぐに長蛇の車列ができた。

車が向かった先の倉庫のシャッターに張ってあった五枚の紙が、ここで何が行われているのかを示していた。書かれていたのは、「受」「渡」「し」「場」「所」の五文字。シャッターの前には段ボールの山。青果物卸のフードサプライ（東京都大田区）が運営する「ドライブスルー八百屋」だった。

販売は十時にスタートした。「コメつき二（コメと野菜、果物などのセットを二個）です」。スタッフの一人が車の窓越しに注文内容を確認すると、別のスタッフが車のトランクを素早く開け、食品の入った段ボール箱をなかに入れた。車列は途切れることなく、延々と続く。人の背丈ほど積んであった段ボールの山がすぐになくなり、次の一山がフォークリフトで運ばれてきた。

フードサプライは、東京都大田区にある物流センターと野田市の二カ所で二〇二〇年四月にドライブスルー八百屋を始めた。同社は全国各地の飲食店が主な販売先だ。新型コロナの感染拡大で、多くの飲食店が営業縮小や休業に追い込まれ、行き場のない食材を抱えることになった。その売り方として思いついたのがこのサービスだった。

倉庫の広い敷地という「三密（密閉・密集・密接）」とは無縁の空間が、サービスの武器になった。消費者はあらかじめホームページで注文し、車に乗ったまま商品を受け取る。代金を支払うのにかかる時間は約三十秒。その安心感が支持され、「来店」が途切れない盛況につながった。

こうしたサービスを望んでいるのは、限られた地域の消費者だけではなかった。二カ所で始めたサービスがメディアで注目を集めたことで、需要が一気に拡大した。青果物の販売でもともと協力関係にあった卸会社などと連携し、販売拠点は札幌、静岡、大阪など各地に広がっていった。

サービスの需要は、買い物の仕方がコロナ前の姿を取り戻すなかで減っていく宿命にあった。二〇二一年末にホームページで確認すると、「飲食店も通常営業に戻ることから、下記地域の開催を終了させていただくことになりました。ご愛顧誠にありがとうございました」との一文があり、札幌や仙台などの地名が挙げてあった。飲食店向けに力を入れてきた同社にとっては喜ばしい変化だろう。

一方、業界はこの挑戦を記憶にとどめることにした。外食産業記者会が主催する「外食アワード二〇二〇」で、フードサプライの取り組みが表彰事例に選出されたのだ。本来なら食品ロスになりかねなかった農産物を、ドライブスルー方式で消費者に販売するという機動的な対応が高く評価された。

理由は「生産者支援のみならず、業務用食品卸の新たな販売チャネルのモデルケースとしての道筋を照らした」ことにあった。社会全体が未知の危機に直面するなかで、間違いなく食品業界の希望の光になった。

不振が際立った飲食業界

新型コロナの農業への影響を考えるため、感染が広まり始めたころの食品販売の動きを確認しよう。食事をどこでとるかで明暗がはっきり分かれた。

打撃が大きかったのが、飲食業界だ。日本フードサービス協会がまとめた外食産業市場動向調査によると、売上高の前年同月比の増減率は、二〇二〇年二月は四・八%増と好調だったが、三月は一七・三%減とマイナスに転じ、緊急事態宣言が発令された四月は一気に三九・六%減まで急降下した。

理由は言うまでもなく、感染を心配して外食を控える傾向が強まったことにある。その後、徐々に持ち直し、十月は五・七%減まで回復したが、十一月は七・八%減に押し返された。冬に入り、感染者数が急増した影響が如実に表われている。協会は「回復への希望に水を差した」とコメントした。

対照的なのがスーパーだ。全国スーパーマーケット協会などが共同でまとめたスーパーマーケット販売統計調査によると、既存店ベースの食品の売上高は、二〇二〇年一月の一・一％減から二月に五・三％のプラスに転じたあと、四月の一二・五％まで急上昇した。その後、伸びはやや鈍化したものの、十月も三・五％増と引き続き好調を保っている。

理由は飲食店の不振と表裏一体で、家で食事をしたいというニーズが高まったためだ。ドライブスルー八百屋の人気は、食品を買う際もできるだけ人と接したくないという心理が背景にあったが、スーパーで短い時間買い物をするだけなら、多くの人にはストレスにならなかった。

注目すべきは、青果と水産、畜産で構成する生鮮三部門の伸びが四月に一四・六％に達したことだ。このことは、家でできあいの食品を食べるだけでなく、調理して食べるケースが増えたことを示す。ここで存在感を示したのが、農家から農協、市場を経てスーパーにいたる流通ルートだ。

インターネットを使った食品販売もこの間に販売を増やした。とくにスマホで生産者と消費者を結ぶ産直サイトが躍進し、農業界の注目を集めた。コロナのもとでの好不調は飲食店とスーパー、ネット通販などの間で分かれ、その影響は当然、食材を供給する生産者にも及んだ。

では現場の生産者の声も聞いてみよう。

カリスマ農家が見たコロナの影響

新型コロナによる混乱で、農家はどんな影響を受けたのか。そのヒントをつかむため、茨城県土浦市で有機農業を営む久松達央を訪ねた。コロナの感染拡大がいよいよ本格的になり始めた二〇二〇年四月のことだ。

久松の答えは、次の二つの言葉に集約できる。

「飲食店からの注文は三月末にほとんどなくなった。農園にとって痛手だが、飲食店の窮状を思うと、そのほうが心が痛む」

「個人向けの注文は伸びている。四月に入ってからは二割増しになっている」

久松は大学を卒業後に帝人で働いた後、一九九九年に独立就農した。年間で百種類以上の野菜を有機栽培し、卸会社や小売店を通さず自社で販売している。あいまいな言葉で語られがちだった有機農業について著書を通して論理的な言葉で説明し、多くの農家に影響を与えている。

コロナの影響は販路によって明暗が分かれた。久松農園では三月上旬あたりから「宴会がキャンセルになった」などの理由で飲食店からの注文が減り始め、三月半ばには目に見えて落ち込んだ。下旬になると常連客に支えられる小さな店の注文まで減り、三月末にはほぼゼロになった。

売り先の多くは食材を厳選する「こだわりの店」だ。久松のつくる野菜の品質をシェフが高く評価してくれていることを示す。そんなシェフたちから、「申し訳ない。また店を開けるようになったら野菜を買うよ」などの連絡が入った。これに対し、久松は「本当に復活できるのだろうか」と思ったという。飲食店の先行きを心配しての言葉だ。

一方、より大きい販路の柱である個人向けの野菜セットは、飲食店向けが減るのと反比例するように売り上げが増えた。二月の発送件数と比べ、四月は二割増以上のペースで注文が入るようになった。

売り上げ増を牽引した個人宅配

結果はどうだったのか。翌年改めて話を聞くと、二〇二〇年の飲食店向けの売り上げは前年比で七割減ったという。コロナの影響が長期化し、飲食店業界が以前の活況を取り戻すのに苦労している様子がわかる。

これに対し、個人向けの宅配セットの好調は一過性のもので終わらず、売り上げが四割増えた。飲食店向けの減少と個人向けの増加を相殺すると、全体では一割の増加。もともと個人向けの売り上げの割合のほうが高かったので、コロナ禍のもとでも業績を伸ばすことができたのだ。

個人向けの販売が増えた理由をもう少し詳しく見てみよう。既存の顧客が買う量を増やしたのか、それとも新規の顧客が増えたのか。久松によると答えは後者。しかもこれまでと違い、既存の顧客の紹介ではなく、ネットで自分で調べて購入を申し込む人が多かった。長引くコロナ禍が、久松農園が顧客を広げるチャンスになったのだ。

ここで重要なのは、野菜を宅配で売る生産者がほかにもたくさんいるなかで、なぜ消費者が久松農園を選んだかだ。この点について久松は「ネットで『茨城県　宅配セット』などのキーワードで検索したとき、自分に関する情報が出てくることが多かったからではないか」と分析する。

SNSを使った情報発信にいち早く取り組んできたこともあり、ネットを検索すると久松に関する情報がたくさん出てくる。インタビューも積極的にこなしてきた。著書も広く読まれている。そうした努力の積み重ねで、久松に関する情報が消費者に届きやすくなっているという事情はあるだろう。

有機はコロナの追い風か

もちろん、品質が伴わなければリピーターにはなってくれない。では顧客を増やすうえで、農薬や化学肥料を使っていないことに意味はあったのか。久松の答えは「あると思う」。実際、新しい顧客のなかには「有機栽培ですか」と問い合わせてきた人が少なからずいた。

「恐怖心が強い人は、食材に関して有機を好む傾向があるのではないか」。久松はそう指摘する。ここで「恐怖」の対象はコロナであり、守りたいのは自分や家族の健康だ。「健康にいいという理由だけで有機野菜を選んでいる人は少ないと思うが、そういう要素がゼロの人もいないと思う」

久松は有機栽培に強いこだわりを持つ一方、「有機だから健康にいい」とは考えていない。農薬を使って育てた野菜でも、使用法が適切なら同じように安全という立場だ。ここは一部の有機農家と一線を画す。

ただし、健康志向で有機野菜を食べようとする消費者を否定しているわけではない。「有機野菜を宅配セットで販売している生産者のなかには、いいものを鮮度よく届けようと努力している人が少なくない。その意味では健康に資する」というのがその理由。久松らしい論理的な説明だ。

新規就農者へのメッセージ

もともと久松は個人向けの野菜セットの販売がメインだった。だが東日本大震災のとき、原発事故が響いて注文が大きく落ち込んだ。安全・安心を求めて有機野菜を買う人が多い分、事故の影響は大きかった。

ピンチを乗り切るために取り組んだのが、飲食店向けの販売だった。食材に対してこだわりのあるシェフが望む野菜を、いかに安定的に素早く出荷するか。シェフの要望は店ごとにそれぞれ異なる。それにきめ細かく応えることで、個人向けの減少をカバーした。その結果、売り上げの二つの柱ができた。コロナ禍とは逆のことが、震災のとき起きていたのだ。

ではもし個人向けの宅配セットがなかったら、コロナの影響を回避できていたのだろうか。そう聞くと、久松は迷わず「もし個人も飲食店もダメで、加工向けにしか売れなくなっても対応できる自信はある」と答えた。

状況の変化に対応できる柔軟性こそが、経営にとって最も信頼できるセーフティーネットになる。「販路として、十年走ってくれる勝ち馬はいない」。これが震災とコロナを経て、久松がたどりついた結論だ。

「勝ち馬」は売り上げが安定して増え続ける売り先を指す。そういう状態が将来にわたって続くと期待できる販路はない。だからこそ局面が変わったとき、どこに活路があるのか見定め、突破する力が重要になる。

農業を始めたばかりの人に、いきなりこれを求めるのは酷だろう。そんな彼らに対して、久松は次のようなメッセージを送る。

「すぐ何もかもやることはできないから、最初は一つの販路でいい。でも必ず状況がガシャッと変わるときが来る。それを乗り越えることができれば、次の変化にはもう少し簡単に対応できるようになる」

農業界はコロナ禍の後、ウクライナ危機による飼料や肥料価格の上昇に直面した。不連続な変化は今後も続くだろう。いかに対応力を鍛えるかは、新規就農者だけでなく、業界全体が問われている課題でもある。

2 コロナで見えた農協の価値

JAを標的にした小泉改革

コロナは農業が天候だけでなく、販売においても大きなリスクを抱えていることを認識するきっかけになった。個々の農業者の売り方の巧拙とは関係なく、販路が一気に消滅してしまいかねない巨大リスクだ。

農産物をどこにどうやって売るか。農産物流通でなお大きなシェアを占める農協抜きに、それを考えることはできない。

では農協は農産物をいかに販売すべきなのか。本来なら当事者である農協が自ら模索すべきことが、政府の主導する農協改革でテーマになった。背景にあったのは、官邸と農水省の一部が農協に対して抱いていた疑念だ。農協は農家の役に立っていないのではないか。そんな不信感が背景にあった。

論争の火蓋は、当時飛ぶ鳥を落とす勢いだった小泉進次郎が二〇一五年十月に自民党の農林部会長になったことで切って落とされた。

その直前、ＴＰＰ（環太平洋経済連携協定）の内容が大筋合意になっていた。農業関係者は当然、ＴＰＰによる農産物のさらなる市場開放にどう向き合うかが焦点になると思っていた。論議は当初、ＴＰＰを軸に進むかに見えたが、次第に農協問題が前面にせり出してくるようになる。

いまも鮮明に覚えているが、農林部会長になった直後に小泉の事務所を訪ねたとき、「農政新時代」と題した資料を見せられた。農業や農政に関係するたくさんの課題が列挙してあったが、後半のほうにあった「生産資材」の項目を指さし、小泉は「これが焦点だ」と明言した。

あまりに唐突、というのが正直な感想だった。高額の生産資材が農業のネックになっているという問題意識はわかるが、農政を担当したばかりの政治家にしては論点がちょっとマニアックすぎないか。筆者はそのとき、小泉にこうたずねた。「これは農協問題につながるのではないか」

生産資材をテーマにするということは、それを扱う農協に関する議論を避けて通れないのではないか。そんな素朴な感想にもとづく質問だった。小泉はそのときは無言だったが、事態は予想通りに進行した。

委託方式と買い取り方式

ときの人である小泉が農政の表舞台に立ったことで、国民の農業への関心がかつてないほど高まった。そして「生産資材のコストをいかに引き下げるか」という問いかけを呼び水に、いつしか議論は農協の上部組織である全国農業協同組合連合会（ＪＡ全農）をどう改革するかに収斂していった。

このとき小泉に呼応し、ＪＡ全農に改革を突きつけたのが、首相の諮問機関の規制改革推進会議だ。圧倒的な発信力を誇る小泉が世論を盛り上げ、規制会議が改革案を考える。安倍晋三が率いる官邸と、部会長に抜擢された小泉の共演による「政治ショー」でもあった。小泉とＪＡグループの水面下の駆け引きについては、拙著『農業崩壊』（日経ＢＰ）で詳述した。

いま改めて点検したいのは、規制会議が示した改革案の是非だ。テーマは、農協がどうやって農産物を仕入れ、販売すべきかにあった。

農協が農産物を販売する方法には、「委託」と「買い取り」の二つがある。規制会議は、価格を相場に委ねない後者が好ましいとした。

まず委託と買い取りの違いを確認しておこう。農協にとって一般的なのは委託方式だ。農家から販売を任された農産物を、農協が市場に持ち込み、卸会社が買い取る。売買価格はふつう市場の需給で決まる。

これに対して買い取り方式は、農家から農産物を農協がじかに購入する。価格は相場とは切り離し、作付け前に決めておくことが多い。多くの場合、農協は農産物を市場に出さず、事前に契約しておいた業者などに販売する。卸会社やスーパー、外食チェーンなどだ。これを「直接販売」と呼ぶ。

整理すると、委託と買い取りは農家と農協との取引の仕方を指す用語であり、直接販売は農協とその売り先との取引を示す。価格が市場で決まる委託と違い、買い取りと直接販売は値段を安定させやすい。

市場に出してみないと値段が決まらない委託方式は、農家の経営を不安定にする。農協は価格変動リスクを負わないので、売り込みに熱心にならない。だから、農協が販売リスクを負う買い取り方式を増やすべきだ。

これが、規制会議の問題意識の根底にあった。二〇一六年十一月十一日に規制会議のワーキング・グループが発表した「農協改革に関する意見」でそのことが明らかになった。次に示すのは「意見」からの抜粋だ。

「自らリスクをとって農産物販売に真剣に取り組むことを明確にするため、一年以内に委託販売を廃止し、全量を買い取り販売に転換すべきである」

「農業者のために、実需者・消費者へ農産物を直接販売することを基本とし、そのための強力な販売体制を構築すべきである」

規制会議とＪＡ全農の同床異夢

「真剣に取り組むことを明確にするため」「農業者のために」といった言葉からは、ＪＡ全農は農産物の販売に真剣に取り組んでおらず、十分に農業者のためになっていないという批判が読み取れる。

まず指摘しておきたいのは、ＪＡ全農を含め、農協による農産物の仕入れや販売には見直すべき課題が様々にあり、ＪＡ全農もそのことを自覚していたという点だ。小泉が農林部会長に就いた二〇一五年秋に始まった改革論議は、ＪＡグループ内での討議を経て、ＪＡ全農が一七年三月末に改革案を自主的にまとめるという形で決着した。

内容はおおむね規制会議の主張に沿うものになっていた。例えばＪＡ全農によるコメの実需者への直接販売は、二〇一七年度の百万トンから一八年度は百二十五万トンに増やす。この間にコメの取扱量に占める比率は四七％から六二％に高まるが、さらに二〇二四年度までに九〇％に引き上げる。同じ期間内に、買い取り方式を七〇％に高める。野菜や果物などの園芸作物についても、同様に数値目標を掲げた。

二〇一八年度の実績を見ると、コメの直接販売は計画より四万トン多く、買い取り方式は三万トン多い。その後も徐々に量を増やしていると見られる。ＪＡ全農がもともと考えていた方向だったからだ。

規制会議のワーキング・グループが「意見」を出してから七年がすぎた。多くの人にとって忘却のかなたにある議論をここで取り上げるのは、意見の中身そのものに問題があると思うようになったからだ。

当時は規制会議の意見とＪＡ全農の自主改革は、目指す方向について基本的に一致しているように見えた。いま再考すると、両者には決定的な違いがあることが浮き彫りになる。規制会議の意見は、委託方式を廃止するよう求めていた。だがＪＡ全農は委託方式を残すことを決めた。

もともと規制会議の意見は政治的な駆け引きのなかから出てきた「高めのボール」であり、関係者の多くはＪＡ全農がすべて受け入れるとは考えていなかった。当然だろう。委託方式は歴史をかけて形づくられ、現実に機能している農産物流通の仕組みだからだ。

コロナのもとで農協による農産物流通に何が起きたのかを取材したことが、そう考えるきっかけになった。規制会議が推奨した買い取り方式に取り組む農協の立場から、買い取り方式の意味を考えてみたい。

直接販売でもコロナに対応できたわけ

買い取りと直接販売の大幅な拡充。規制会議が求めたこの二つの要求は、コロナ禍のもとでどんな意味を持ったのか。そのことをまず、ＪＡ全農の茨城県本部（ＪＡ全農いばらき）の取り組みから考えてみたい。

茨城県八千代町にある野菜や果物の出荷施設の「県西ＶＦステーション」。敷地が一万三千五百平方メートルある広大なこの施設を、ＪＡ全農いばらきが運営している。ＶＦはベジタブルとフルーツのことを指す。

扱う品目はキャベツやネギ、ナス、ダイコンなど幅広い。この施設が、コロナによる販売先の不振で農家の収入が減るのを防ぐための拠点になった。それを可能にしたのは、物流の背景にある取引の仕組みだ。

集出荷施設は一九九六年にできた。白菜の安値に悩む生産者を支援するのが当初の目的だ。当時もいまも、農産物の多くは卸売市場の需給で値段が決まる。委託販売と呼ばれる売り方で、規制会議が批判した手法だ。

これに対し、ＪＡ全農いばらきは農家の収入を安定させるため、新たな方法を試みた。市場に委ねず、売り先を自ら見つけて量や値段を交渉する。直接販売だ。それを踏まえ、いくらでどれだけ買うかを農家に事前に約束する。これが買い取り方式。その後、県内の他の場所にも同様の施設を建てた。

売り先は、スーパーや野菜のカット工場、食品加工会社、外食チェーンなど約百七十社に広がった。ＪＡ全農いばらきが「ＶＦ事業」と呼ぶこの流通の仕組みが、コロナによる混乱に対処するうえで力を発揮した。

需要が減ったのはホテルや飲食店などで使う食材だった。ここまでは、フードサプライが直面したのと同じ状況だ。ＪＡ全農いばらきはスーパーや生協など需要が増えた先に販路を変え、機動的に対応した。

コロナによる混乱にもかかわらず、ＶＦ事業の二〇二〇年四～六月の売り上げは、前年同期と比べて三％近く増えた。このとき筆者は「買い取り方式と直接販売が効果を発揮した」という記事を書こうとした。だがよく考えると、どうもそんな単純な話ではないように思えてきた。

売り先をあらかじめ決める直接販売は本来、事態が急変したとき身動きがとれなくなる。もしＶＦ事業の販路が限られた先しかなかったら、ＪＡ全農いばらきは窮地に陥っていただろう。量と値段を農家に約束してしまっているからだ。もし約束を破れば、農家が損失を負うことになる。

ＪＡ全農いばらきがコロナに対応できたのは、長い時間をかけて多様な販路を確保し、密接な関係を築いてきたからなのだ。

確認された市場流通の柔軟性

次にＪＡ全農全体の動向を見てみよう。ＪＡ全農は、グループの農産物の販売を「米穀」「畜産」「園芸」の三つに分類している。このうち米穀と畜産は、二〇二〇年度の取扱高が前年度と比べて減少した。

コメは春先は外食を控える動きがプラスに働き、スーパー向けが伸びて好調な滑り出しをみせた。残念ながら勢いは続かず、外食の落ち込みの影響が大きくなり、一年を通せばマイナスになった。だがコメはもともと深刻な消費減少のもとにあるので、コロナのせいだけとは断言しにくい。

畜産も、外食の不振が販売の足を引っぱった。とくに牛肉はインバウンドの劇的な減少が、販売動向に決定的に影響した。インバウンドの需要にはバブルの要素も指摘されており、いずれ調整局面を迎える可能性はあった。ただ輸出を含めて考えれば、長期的に販売を好転させるチャンスは十分にある。

残る園芸作物、つまり青果物の動向を見ると、二・四％増え、前年度比で落ち込むのを回避した。貢献したのは、各地の市場を経由するルートだ。膨大な農産物を扱いながら、需要に合わせて売り先を変える機能が市場にはある。ＪＡ全農は直接販売に力を入れているが、コロナで力を発揮したのは市場ルートだった。

ＪＡ全農が自ら示した改革案は、規制会議の意見におおむね沿っていたと前段で書いた。確かに踏まえてはいるが、決してそのままの内容ではない。園芸作物の直接販売は、二〇二四年度に五千五百億円という目標を掲げた。これは全農の取り扱い金額の「過半」であって、全量ではない。

しかも、ここでいう直接販売には、卸売市場を経由するものも含んでいる。そう聞くと、「間に卸会社が入るのは高コストで非効率」と考える人もいそうだが、あまりに短絡的だと言うべきだろう。スーパーや生協、外食チェーンなどの実需者とつながることで、販売量や価格を安定させるのが直接販売の目的なのであり、間の市場を外すのを前提にはしていない。

むしろ、多様な売り先が集まる卸売市場の協力を得ることで、相場にゆだねず予約販売できる実需者を確保できるケースもある。コロナのもとで、市場ルートの持つ柔軟性の意義が改めて明らかになった。ＪＡ全農いばらきも、卸会社が安定した取引先を見つけてきたときは直接販売に分類している。

もし規制会議が求める通りに買い取り販売や直接販売に急傾斜し、比率を一気に高めていたら、コロナによる需要の急変に即応することはできなかっただろう。重要なのは、それぞれの販売手法の強みを生かせるような柔軟性を保っておくことだ。「一年以内に全量を転換する」のが正しいとするような発想で改革に臨めば、流通が本来持つべき機動性を損ないかねない。

ＪＡとぴあ浜松の二つの取り組み

筆者は委託と買い取りのどちらが正しいかという議論には意味がないと思っている。重要なのは、両者の利点を生かすことだ。とぴあ浜松農業協同組合（ＪＡとぴあ浜松、浜松市）の取材でその思いを強くした。

二つの事業を分けて説明しよう。一つは、セロリやジャガイモ、タマネギ、ネギなどが対象の直販事業だ。もう一つは、主に加工用のキャベツなどで実施している買い取りだ。いずれも二〇〇六年から始まった。

ＪＡとぴあ浜松の担当者によると、「これからの食品流通は、市場に出してさばいてもらうという方法以外に広がる」と考えたことが、直販を始めるきっかけになった。市場を通さない目的の一つは、消費者に近い実需者とつながり、需要に即応することにある。そこで直接販売を始めた当初、地元のスーパーを売り先に選んだ。品目はセロリやネギ、チンゲンサイなどだった。

ここで注意が必要なのは、仕入れは依然として委託だったという点だ。直販は買い取りとセットでイメージされがちだが、必ずしも必然ではない。直販の対象にした品目の多くをそれまで通り市場に出していたからだ。

そこで生産者からは市場出荷か直販かを区別せず、代金は両者の売り上げを総合して決めることにした。規制会議の意見に従うなら、買い取りを基本にすべきということになりそうだが、ＪＡとぴあ浜松にとってそれは現実的な選択肢ではなかった。

この取引は期待に反し、ほんの数年でやめることになった。スーパーからの発注量があまりにも頻繁に変わるため、対応するのが難しくなったのだ。「足りない分を日々仕入れる」という慣行からすればスーパーの要望を理解できなくもないが、農協側の負担が大きすぎた。

その結果、直販そのものを諦めたかというとそうではない。代わって浮上した相手は、飲食店を販路に持つ卸会社だった。スーパーと同様、飲食店も扱う量は日によって変わるが、スーパーほど激しくはない。しかもその変動を、卸会社が複数の売り先の間で調整してくれるため、ＪＡとぴあ浜松に発注してくる量が極端にぶれることはない。市場と同じ機能だ。

市場との違いは、販売数量と価格を安定させるのを目的にしている点にある。市場が需給に応じて売買価格を変えるのを主な機能にしているのに対し、ＪＡとぴあ浜松は直販を通して売価の安定を模索している。

もし当初計画のままスーパー向けに直販を続けようとしたら、人件費をまかなうため、農家から取る手数料を増やす以外に方法はなかった。それよりも、需給調整を本業とする卸会社と組むほうが理にかなっていた。

買い取りは荷姿を変えるため

次に農家からの買い取りに話題を移そう。買い取りというと、生産者の収入を安定させるのが狙いと思われそうだが、これもイメージとは違う。結果的に生産者の手取りの安定には寄与するが、当初考えたのは別のことだった。

そのころ、愛知県に隣接する静岡県湖西市などの農家は、ＪＡとぴあ浜松にキャベツを出荷せず、主に愛知県の卸売市場に出していた。愛知県がキャベツの一大流通基地になっていたからだ。ＪＡとぴあ浜松は蚊帳の外にあった。

こうした状況を改め、自らキャベツを扱いたいとＪＡとぴあ浜松は考えた。きっかけは、カット野菜にするキャベツの需要の増大だ。とくに中食や外食で使うカットキャベツのマーケットが、急激に拡大していた。

ＪＡとぴあ浜松はこうした動きに目をつけた。新たなニーズに対応すれば、愛知の市場にキャベツが流れるのを食い止め、自ら流通をつくることができると判断した。選んだのは当然、市場を通さない直接販売だ。

その際、キャベツの荷姿をどうするかが課題になった。加工工場向けにキャベツを卸している業者には、段ボールに入れて運んできてほしいと望むところもあれば、コンテナでの納入を希望する人もいた。中玉と大玉のどちらがいいかなどキャベツの大きさに対する要望もまちまちだった。

ここで委託方式がネックになった。キャベツを何に入れるかを農協が変えたり、入れる個数や内容を変えたりするのが難しかったからだ。荷姿を変えることができるのは、仲卸に売って以降。ＪＡとぴあ浜松の場合、販売の委託を受けている立場の農協がそこに手をつけるのはそれまでの慣行に反していた。

買い取り方式を導入したのはそのためだ。農協が生産者からキャベツを買い取れば、どんな荷姿で売るかは農協の判断に委ねられる。キャベツの所有権は、買い取った時点で農協に移転するからだ。

市場に出すときと同様、卸会社にも生産者から受け取ったままの荷姿で売る手もあったかもしれない。荷姿をどうするかは卸会社の判断だ。だがそうしなかったのは、キャベツの取り扱いで後発組だったからだ。

相手が受け入れやすい条件を提示することで、販路を開拓するのはビジネスの基本。ＪＡとぴあ浜松がキャベツの取り扱いを始めるときに買い取りを選んだのは、新しい事業にとってそれが合理的だったからだ。

事前に約束した値段は変えない

キャベツ事業はその後、徐々に取扱量が拡大していった。毎年キャベツを植え付ける前に農協が価格を示し、買い取る数量をとりまとめる。

売り先の流通業者は約三十社ある。相手が以前から取引のある業者の場合、売買価格はそれまでの水準をもとに決める。新たに取引を始める業者との間でも、相場に左右されずに値段を決めるよう申し合わせる。

二〇〇六年度の取扱数量は五百五十トン。これに対し二〇年度は五千二百トンに拡大した。

農産物の販売が各地で伸び悩むなか、この取り組みは買い取りと直接販売のモデルケースと評価されることが多い。だが農家と流通業者の間でこの仕組みを安定させるのは、思うほど簡単ではない。

例えば、約束した値段より相場が低いとき、売り先が見直してくれないかと言ってくることがある。だが担当者によると、どんなことがあっても価格は変えない。「一度下げてしまうと、元に戻ることはない」からだ。

売り先から「今週買うはずの分を来週に回してほしい」と頼まれることもある。農家が収穫を遅らせることができるようなら、この要請に応じることもある。売り先はこの間、市場から安値で買いつけている可能性もあるが、最終的に販売数量が変わらないならルール違反にはならないとの判断だ。

やむを得ない理由で、販売量を減らすこともある。キャベツの需要が急減したときだ。コロナの感染拡大で学校や飲食店が休んだときにそれが起きた。このときは売り先の厳しい状況も考慮し、ＪＡとぴあ浜松が損失を一部負担して、農家から買い取ったキャベツを廃棄した。生産者に対して事前に約束しておいた買い取り量を減らせない以上、やむを得ないことだった。

約束を守らない農家の分は減らす

一方で、農家にとっても都合のいいばかりの仕組みではない。

農家には「きちんと出荷してください」と念を押している。それでも不作で数年前に相場が高騰したとき、数人が約束を守らず、市場に出荷した。「収量が減ったので、高値で売りたくなる気持ちもわかる。でもそれを認めてしまっては、ほかの農家との間で公平性を保てない」と担当者は話す。

このときを境に、出荷のルールをより厳格にした。例えば百個出す約束だったのに、約束を破って五十個しか出さなかったら、翌年の買い取り枠を五十個に減らす。もちろん、天候不順などでどうしても量が足りないときは事情を考慮する。それを確認するため、農協の担当者が畑に見に行くこともある。

農家の負担を減らすために考えている手もある。農家の多くはＪＡとぴあ浜松に約束した量を出荷するため、キャベツを多めにつくって出荷している。その結果、余った分の売り先に農家が困ったとき、農協がそれを引き取るための取り組みだ。

具体的には、野菜価格安定制度への加入を検討している。相場が暴落したとき、国や自治体、農家などが積み立てておいた資金で、基準価格との差額の一部を補塡する仕組みだ。農協などが制度に加入していることが前提になる。

農家がＪＡとぴあ浜松への出荷後に余ったキャベツの売り先に困るのは、豊作で値崩れしたときがほとんどだ。そこで野菜価格安定制度を利用することで、農家がより安心して作付けできる環境を整える。ＪＡとぴあ浜松はこの分を買い取りとは別枠にして出荷を受け付け、委託方式で市場に出す。

買い取りは農家のバッファー

買い取りと直接販売は値段と数量が大きく変動しないため、取引が安定するメリットがある。だがそれと併せ、委託方式による市場出荷も活用する。これがＪＡとぴあ浜松が十年余りの取り組みで出した結論だ。

背景には工業製品と違い、天候次第で生産量が大きく変わる農業特有の事情がある。約束を守ろうとして多めにつくる農家の努力も、相場を気にして仕入れる量を調節しようとする流通業者の動きも根は共通だ。

事態を多角的に見るため、湖西市にある五ヘクタールの畑でキャベツを栽培している生産者の声を紹介しよう。ＪＡとぴあ浜松がキャベツの買い取りを始めて間もないころから参加している農家だ。「どれだけ収入があるのかあらかじめ計算できるので、このやり方はありがたい」と農協の取り組みを評価する。

では生産したキャベツのうち、どれだけ農協の買い取りに回しているのか。この農家によると、答えは「四分の一から三分の一」。農協から受け取る販売代金で、肥料などの資材費をまかなう。残りは相場がいいときの利益を期待しながら、市場に自分で出荷したり、業者に直接売ったりする。

これが一つの答えだろう。従業員を大勢雇うなど固定費が多いほど、買い取りに回すことの利点は高まるが、全量にすべきかというと判断は分かれる。価格の変動はリスクであるとともに、利益を増やすチャンスでもあるからだ。この農家の場合、買い取りは赤字を避けるためのバッファーなのだ。

相場をにらみながら、買い取りと委託の間でどうバランスをとるか。農協にとっても生産者にとってもそこが腕の見せどころだ。

機動性と柔軟性が農協の武器

なにもJAの取り組みが万全だと言いたいわけではない。時代の変化に合わせて変えるべき点は様々にある。だが長年続いてきたやり方のなかには、何らかの合理性が大抵ある。規制会議はそういうふうには考えず、既存の仕組みを抜本的に変えることが、農家のためになると主張した。

結局のところ、規制会議の意見に欠けていたのは、農業ならではの特性に対する洞察ではないだろうか。いくら販売量を事前に約束しても、天候次第で生産量が変わるのは避けられない。

しかも青果物の多くは長期間保存できない。

その過不足を広域で調整しているのが、卸売市場の機能だ。ある産地の出荷量が減っても、別の産地のものを扱うことで実需に応える。

大規模な自然災害などの影響で、特定の農産物が日本中で足りなくなることもある。だがそれはＪＡグループが卸売市場を外し、売り先とじかに結びついたところで解決できる話ではない。スーパーなどが取り得る対応は輸入だ。

買い取りでリスクを負うのは農家も同じだ。約束した量を出荷するため、多めにつくることで天候不順に備えようとする。農家にはそうした苦労をさせず、取れた分だけ事前に決めた値段で買い取るという契約もあり得る。だがその場合、出荷量が変動するリスクを織り込むため、買い取り価格を低めに設定せざるを得なくなる。

こうした点をいくら机上で考えても、建設的な結論は出ない。委託と買い取り、市場出荷と直接販売にはそれぞれ長所と短所がある。作物や立地によって向き不向きもあるだろう。各プレーヤーが利益を確保し、長期的に取引が安定する組み合わせを現場の視点から模索するしかない。

これがコロナから農業界がくみ取るべき教訓だ。必要なのは柔軟性と機動性。それを可能にするために、時間をかけて多様な売り方を用意する。茨城の久松達央は「販路として、十年走ってくれる勝ち馬はいない」と強調した。個の農家かグループかに関係なく、大切な点は共通だ。

硬直的な発想を戒めることが大事なのだ。ＪＡとぴあ浜松の担当者は「自動車のハンドルと同じで、『遊び』がないと危ない」と語る。この言葉は自然の影響を避けられない農産物の流通で大切なポイントを端的に示す。

「ゼロサム」の議論に意味はない。多様性を認め、いかに柔軟に対処するかがカギを握る。人の力ではコントロールできない自然に寄り添う農業の本質だろう。

第4章

環境調和型農業への挑戦

不連続と闘う農

1 欧州の後追いの農政転換

唐突すぎた農水省のみどり戦略

二〇二一年三月、農水省が公表した政策指針が農業界に波紋を広げた。タイトルは「みどりの食料システム戦略」。中間取りまとめという位置づけではあったが、二カ月後に正式決定したものと内容は基本的に同じ。農水省が農業界に突きつけたのは、環境調和型農業への移行だった。

中間取りまとめで「はじめに」のなかで提起し、五月の正式文書にもそのまま盛り込まれた次の言葉が指針の目的を端的に示す。

「自然や生態系の持つ力を巧みに引き出して行われる食料生産・農林水産業において、その活動に起因する環境負荷の軽減を図り、豊かな地球環境を維持することは、生産活動の持続的な展開に不可欠であり、次世代に向けて国際社会が取り組まなければならない重要かつ緊急の課題である」

それまで日本の農家や消費者にとって、農業は環境にフレンドリーというのが共通認識だったのではないだろうか。農業は自然とともにある産業だ。一九九九年制定の食料・農業・農村基本法にある「多面的機能」という言葉が象徴するように、農業を守ることはそのまま環境保全にもつながると考えられてきた。

ところが、みどり戦略は「(農業に)起因する環境負荷の軽減」という表現を冒頭で使った。農業は必ずしも環境に優しい産業ではない。脱炭素や生物多様性の維持など、世界を覆う課題の再設定のうねりが日本の農業にも波及した。「国際社会」という言葉がそれを象徴する。

国際化という言葉を、日本の農業はある緊張感を持って受け止めてきた。農産物貿易の自由化で海外から流入する食品にどう立ち向かうか。あるいは輸出や海外進出で自ら海外に打って出るか。だが、みどり戦略が提起したのは、農業生産が国の別なく課題に直面しているという現実だった。

とくに農業界が驚いたのが大胆な数値目標だ。目標年次は二〇五〇年。それまでに、化学農薬の使用量を五〇%削減することを目指す。スマート農業の活用などを通し、農薬に頼らず病害虫を防ぐ栽培方法を実現する。

化学肥料を三〇%減らす目標も併せて掲げた。この二つがイメージしているゴールは明らかだ。ケミカルな農法をできるだけ排し、自然環境と調和する形で農業を成り立たせる。そこで次の目標が農業界を驚かせた。

耕地面積に占める有機農業の取組面積の割合を二五％に拡大する。日本で有機農業運動が始まったのが一九七〇年代。二〇〇六年には議院立法で有機農業推進法が制定された。にもかかわらず、耕地面積に占める割合はいまも一％に届かない。それをどうやって二五％に高めるのか。

本来なら政策の後押しに喜ぶはずの有機農家の間でさえ、そんな疑問が渦巻いた。現場からすればあまりに唐突な決定だった。

議論の積み上げ足りない数値目標

農水省はみどり戦略について、「関係者から幅広く意見を聞いて決めた」と説明する。だがこの言葉を額面通りに受け取ることはできない。

確かに二〇二〇年九月から有識者のヒアリングを重ねてきた。二一年一月からは、日本農業法人協会やＪＡ全中、有機農業の関係者、消費者団体などとの間で意見交換会も開いた。ではそうしたヒアリングの結果、どうして有機農業を四分の一にする目標が浮かび上がってきたのだろうか。

政策指針の内容を具体的に話し合うため、「みどりの食料システム戦略本部」の会合を開いたのが二〇二〇年十二月二十一日。出席したのは、農相以下、農水省の官僚たちだ。そして二一年三月に開いた第二回会合では、早くも「中間取りまとめ」を公表し、数値目標が規定路線となった。

周知の事実だが、欧州委員会は二〇二〇年五月に「ファーム・トゥー・フォーク戦略」を公表し、農薬の五〇％削減と肥料の二〇％削減、そして有機農業の面積の二五％への拡大を宣言していた。目標年次は二〇三〇年。ほぼ同じ論点と内容のまま、ゴールを二〇年先送りしたのが、日本のみどり戦略だ。

欧州はこれをグローバルスタンダードにすると表明している。そうした国際潮流に日本も背を向けることができなかった事情は理解できなくもない。ＥＶへと急傾斜した世界の自動車産業を見れば、このタイミングで日本が農業で環境調和の方針を打ち出すことも、避けられない選択だったのだろう。

その結果だろう、現場の実態の詳細な分析と科学的な根拠をもとに、関係者が広く納得するまで議論をつくした形跡は見当たらない。なぜ有機農業を四分の一にする必要があるのか。あるいは本当はもっと高めるべきなのか。たとえそれが理想だとしても日本で可能なことなのか。疑問への明確な答えはないまま、政策は先へと進む。

ロマンを感じさせる指針への注文

それにしても決定が突然すぎた。これまで日本の農政は、有機農業を本気で後押ししてきたとは言いがたい。農薬や化学肥料を減らす試みは、生産が不安定になるリスクを覚悟のうえで現場が主導してきた。

ようは環境調和型の農業を実践してきた農家もルールを守って慣行農業をやってきた農家も、戸惑いを抱えたままなのだ。

内容でも気になる点がある。農薬や化学肥料を減らし、さらに有機農業を飛躍的に増やすための道筋を、技術開発を通して開こうという発想が目立つのだ。例えば「ドローンによるピンポイント農薬・肥料散布の普及」「AI等による病害虫発生予察の高度化」「ナノ粒子を用いた農薬送達システムによる革新的植物免疫プライミング技術の開発」「メタン排出の抑制と土壌病害防除を実現する革新的微生物資材の開発」などの言葉がずらりと並ぶ。

研究開発を後押しすることは大いに結構。官民で連携してぜひやってほしい。だがそれだけでは「目標を達成する技術を開発するので、目標を達成できる」と言っているに等しい。農家を動かすには、現場が納得できる施策が要る。

そもそも減農薬・減化学肥料や有機農業には本当に環境保全効果が認められているのか。みどり戦略からは、それすら明確に浮かび上がってこない。この点について、西尾道徳『検証有機農業』（農山漁村文化協会、二〇一九年）は、国連食糧農業機関（ＦＡＯ）の指摘として次のような点を挙げている。

まず堆肥や簡易耕起、輪作、カバークロップなどにより、土壌生物が増え、土壌構造が発達し、養分や水の保持能力が高まる。化石燃料を原料にした化成肥料を使わないことで、気候変動の抑制に貢献する。それに関連し、堆肥などによって土壌への有機態炭素の還元量が増え、分解しにくい土壌有機物として蓄積する。さらに圃場の内部や周辺に野生生物の生息地が創出され、生物多様性を向上させる。

ただし同書は、有機農業に転換して土壌炭素が増え続けるのは最初の五十年程度で、それ以降は土壌への蓄積量が減り始め、やがてゼロになるという研究結果も紹介している。土壌の耕運を大幅に減らす不耕起栽培なども同様で、土壌の表層への炭素蓄積量の増加は永続しない。それゆえ「有機農業や不耕起は二酸化炭素を削減する大切なオプションではあるが、温室効果ガスの排出削減を長期的に解決するには、有機農業に過度に期待するのは誤り」と指摘している。

本来なら専門家の力を借り、科学的な知見にもとづいて精査したうえで、国民が広く納得できるかたちで方向を示すべきだった。本当に環境保全に資するなら、農業のやり方を改めることに多くの人が賛同するだろう。だが日本で何がどこまで可能なのかを十分に検証しないまま、いきなり数値目標が出てきたので、関係者の多くが困惑した。それがみどり戦略の置かれた現状だ。

一方、唐突という印象が強いみどり戦略だが、先行きに期待する声もある。東大名誉教授の谷口信和が『日本農政の基本方向をめぐる論争点』（農林統計協会、二〇二二年）に記した言葉は、最も建設的な提言と言えるだろう。「ＫＰＩ」は業績を評価する指標を指す。

「掲げられているＫＰＩは二〇三〇年、二〇四〇年、二〇五〇年を目途とする野心的で極めて高い目標であり、農業と農産物の調達から生産・加工・流通・消費にまたがる広範囲に及んでおり、その志を否定できないほどのロマンを感じさせるものだといってよい」

「みどり戦略は農水省の総力を挙げた新たな農政展開の方向であるから、これに対して枝葉末節の批判をすることは決して有意義ではない。しかし、それだけ壮大な農政展開の方向を指し示すものである以上、関係者・国民の間の真に広範な議論と熟議を踏まえた決定と実践が求められるのではないか。急がば回れＥｉｌｅ ｍｉｔ Ｗｅｉｌｅ．という単純な言葉にこそ真理が宿っている」

本書の立場もこれと同じだ。みどり戦略は決定プロセスと内容のどちらも、本来は応援団になるはずの人にさえ違和感を抱かせた。だからと言って、目指す方向そのものを否定すべきとは思わない。みどり戦略への批判が、環境調和型の農業への模索の否定とイコールであってはならないだろう。

産地を挙げて環境調和型農業を

補助金がどんな条件でいくら出るかといった話は、生産者にとってとても身近な関心事項だ。飼料米や転作作物に出る補助金はその典型だろう。肥料や飼料の高騰への対策も、喫緊の課題として注目を集めている。

これに対し、政策の方向を示してはいても、すぐに所得を左右しない指針の類いはともすると関心が薄れがちになる。みどり戦略もそんな部類に入るのかもしれない。

理由の一つに、目標年次を二〇五〇年に設定した点がある。農作業に日々向き合う農家が、当事者意識を持ちにくい遠い先の目標だ。

ところが生産者の関心が薄れつつあるなかで、行政は指針に沿って着々と次のステップに移った。それはいずれ生産にも影響する。

大きいのは戦略が指針ではなく、法律にもとづいて進められることになった点だ。みどりの食料システム法が二〇二二年七月に施行された。これで戦略が法で位置づけられた。環境に調和した食料生産や流通を実現するため、国が基本方針を策定し、都道府県や市町村が基本計画をつくることを定めた。

これに先立ち、農水省は二〇三〇年までに化学農薬を一〇%、化学肥料を二〇%減らすという中間目標を二二年六月に公表した。遠い先の目標と違い、十年以内のことと思えば、話のリアリティがにわかに増す。目標を達成するための具体的な行動を、スケジュールを意識しながら起こすことが必要になってくる。

農水省は急いで決めた内容を後付けで埋めるかのように、これから次々に施策を公表していくだろう。スタンスは大枠でぶれずに保たれるように思われる。その前提に立てば、特別栽培や有機栽培など環境に調和する農法を、いかに広がりのあるものにしていくかが現場で重要になってくる。

現場は政策に追随するのが当然だと思うからではない。農業の環境への負荷を減らし、持続可能なものにするのは行政だけの仕事ではなく、生産者の経験と知見を生かして現場がリードすべきテーマだからだ。

この点に関連し、農産物流通でなお主要な立場にある農協にとりわけ望みたいことがある。農家にとって最も大事なことは、天候不順や病害虫のリスクに備えながら、技術を磨き、計画した通りの収量を確保することだ。

そんな忙しい毎日のなかで、営農への影響にリアリティを感じにくいみどり戦略がいまどんな段階にあるのかこまめに確認してみる気になるだろうか。優先順位が低くなるのは当然だ。だが試しに農水省のホームページを開いてみれば、関連する項目が次々に増え、更新されていることに気づく。自治体の動きも加速している。

経済や社会がめまぐるしく変化するなかで、農業と農村の価値が何かを見つめ、守っていくのは地域に根ざす農協の役割であり続ける。同時に、これまでのやり方が通じなくなったとき、情報への感度を高め、産地という大きな単位で変化への対応を導くことも、農協に求められるミッションだ。農業と環境の調和がテーマになったいまは、まさにその時期にある。

2 消費者との距離を縮める有機栽培

市民が支える農場「CSA」

ここから先は、現場で環境調和型の農業を支える動きを紹介したい。地域を挙げて農薬や化学肥料を減らすことにももちろん意味はあるが、個々の農業者の挑戦を見ればもっととんがった取り組みが目立つ。みどり戦略が「野心的」な拡大目標を掲げた有機農業だ。

有機栽培はふつうにやったのでは、農薬や化学肥料を使う慣行栽培と比べて効率が悪い。農水省は技術開発で課題を解決できるかのような戦略をまとめたが、それができる保証はいまのところない。それでも有機栽培を広めるにはどうしたらいいか。第一に求められるのは、消費者の理解だ。

その農場は一見すると、都市部の近くによくある市民農園のようだった。だが運営の仕方や目指す方向は、一般の市民農園と異なる。消費者と農業の新たなかかわり方を模索する取り組みを紹介したい。

神奈川県座間市にある小田急小田原線の相武台前駅を出て、住宅街を歩くこと十数分。「なないろ畑」と書かれた看板の先に広がる畑に、十数人の市民が集まっていた。農作業を楽しむには絶好の晴天だった。

この日の作業は、ニンジン畑の雑草取り。農薬を使わず育てているので、まだ小さいニンジンの葉っぱの周りに草が生えてしまう。それを傷つけないように気をつけながら、ハサミで切ったり、手で抜いたりして雑草を取り除いていた。若い親子連れも多く、子どもたちが恐る恐る草をちぎっていた。

農場を運営しているのは、農業法人のなないろ畑（神奈川県大和市）だ。その雑草取りを、なぜ従業員でない人が手伝うのか。取締役の畑中達生は「ここは地域住民に支えられるＣＳＡ

というスタイルの農場」と話す。

ＣＳＡは「コミュニティ・サポーテッド・アグリカルチャー」の略。欧米で盛んな農場の運営方法だ。地域支援型農業などと訳される。消費者と農場が直接つながり、あらかじめ代金を払って農産物を受け取るのが典型的なやり方だ。

この日、雑草取りをしていたのは、農場のサポート会員のメンバーだ。一万円の年会費を払い、育苗や定植、堆肥づくりなどの作業を受け持つ。ここまでは、畑を区切って野菜づくりを楽しむ会費制の市民農園と似ている。

違うのは、収穫した野菜が会員のものではないという点だ。サポート会員という名称が示す通り、会員の役割は作業を手伝うことにある。収穫物は農場の売り上げになる。会員は出荷や販売も手伝う。

サポート会員とは別に、ＣＳＡの柱である野菜会員という制度もある。毎月一定額を払い、野菜を購入するメンバーだ。二つの会員を兼ねると野菜の購入費は安くなるが、野菜を無償で提供することは原則ない。

手伝うのは労働ではなく自己投資

なぜお金を払って作業を手伝うのか。家族連れで来ていた二十代後半の男性は「いずれ家庭菜園をやろうと思っているので、労働ではなく自己投資」と説明する。広い畑で野菜づくりを学びに来ているのだ。「同じお金を使うなら、安全で安心な農場のために使いたい」とも語っていた。

なないろ畑は約二十年前にスタートした。農場は座間市と大和市、長野県辰野町にある。面積は合わせて三ヘクタール強。様々な野菜やコメ、ブルーベリーなどを、農薬や化学肥料を使わずに育てている。

あらかじめ一つ強調しておきたい。こうした取材をしていると、当事者からよく「安全と安心」というキーワードが出る。科学的な見地から言えば、農薬を使っているからといって食べた人の健康を害するわけではない。そのための厳しいルールもある。

有機栽培だから安全で安心と言ってしまえば、慣行栽培は安全ではないと示唆することにもなりかねない。これはルールを守って農薬を使っている生産者に対し、不当な批判につながる危うさをはらむ。

それを踏まえたうえで、有機農業が「安全で安心」と感じる消費者の立場をあえて否定せず、そういう農業であってほしいという思いを尊重したいと思う。そこに効率の高さと価格の安さを優先する社会を見直す契機がひそんでいるからだ。有機栽培を絶対視はせず、しかしどうすればもっと広げることができるのかというのが筆者の関心事項だ。

この点に関し、親しくしている農協のスタッフからよく言われることがある。「ほとんどの農家はできれば農薬を使いたくないと思っている」。そういう農家がどれだけいるのか確かめるのは難しいが、農薬に頼りたくないと感じている人は一定数いるのではないだろうか。

農業を取材していて思うのは、対立軸をつくるべきではないという点だ。有機栽培が安全で安心だと強調しすぎれば、慣行栽培の否定になる。一方で有機で食料を安定供給する難しさばかりを指摘し、その意義を否定してしまえば、技術革新の道を閉ざすとともに、社会のあり方を見つめ直すきっかけを一つ失うことになる。

どっちつかずで、歯切れが悪いと感じる人もいるだろう。だが立場を白か黒かに分けず、多様な解決策を探るのが農業らしさだと思っている。

憩いと学びの場としての農場

ここで欧米の潮流を見てみよう。カナダのフードライターのジェニファー・コックラル＝キングは著書『シティ・ファーマー』（白井和宏訳、白水社、二〇一四年）で食料の生産と消費に関し、この三十年に「三つの波」があったと指摘する。

最初の波として、産地と消費地の距離を示す「フードマイル」という言葉が一九九〇年代に登場した。移動距離を短くし、食品がどこでどのように生産されているかを消費者が把握できるようにするための概念だ。

二〇〇〇年代に入ると、ファーマーズマーケットやＣＳＡが盛んになった。これが二つ目の波。その後、三つ目の波として大量のエネルギーを消費し、食料を遠い場所から運んでくることが問題視されるようになった。

三つを貫いているのは、生産と消費の分断をなくし、農産物の生産を市民にとってより身近なものにすべきだという発想だ。農地が狭く、生産効率の低さがネックになっていた都市農業の再評価にもつながる視点だ。

なないろ畑もこうした潮流のなかにある。畑中は今後の目標として「取り組みをもっと世の中に広めていきたい」と話す。そのために力を入れているのが、地域住民が楽しく、気軽に参加できるようにすることだ。

例えば育苗ハウスのなかで、落ち葉に米ぬかや水を混ぜて足で踏み、微生物による分解を促進させる。そこで発生する熱を育苗に利用する。堆肥づくりの一環でもあるこの作業は、会員たちが音楽を聴きながら進める。

既存の農家からは非効率に見えても、農場を「憩いと学びの場」と考える会員たちには楽しい作業になる。家族一緒の草むしりだってそうだ。土づくりに関する勉強会も畑で開いている。

取材で訪ねた日は澄みわたった晴天で、会員たちが丸いテーブルを囲み、順番に意見を出し合っていた。

そんな彼らにとって、自分たちが参加する野菜づくりは当然、無農薬で無化学肥料になる。環境論を肩肘張って振りかざすのではなく、自然体で有機栽培に親しむ。それが無農薬で農産物を育てる難しさへの理解につながり、ともすると「安さ」ばかりを優先しがちな消費行動を見直すきっかけにもなる。ＣＳＡの取り組みにはそんな価値があると思う。

土を耕さない農法を試行

なないろ畑の話をもう少し続けたい。有機栽培はただでさえハードルが高いと多くの農家が感じているのに、なないろ畑はもっと「常識外れ」なことに挑戦し始めた。土を耕さずに育てる「不耕起栽培」だ。

不耕起栽培は、大和市にある〇・二ヘクタールの畑で二〇二一年に始めた。栽培している品目は、トマトやナス、ケール、ピーマン、ブロッコリーなど多種多様。座間市の畑はふつうに耕している。両者を比べたとき、収量や品質でどんな違いが出るのかを確かめるのを、当面の目標にしている。

取締役の畑中達生は「前々から興味があった。耕さないことで微生物を殺さず、より環境に調和した形で作物を育てることができる」と話す。

不耕起栽培は農家にとっていくつかの利点がある。まず耕さないので、トラクターを走らせる燃料代が要らなくなり、コストの低減につながる。耕運に費やす作業時間を省くこともできる。土を掘り返さないので、肥沃な表土が風雨で失われるのを防ぐことにもつながると指摘されている。

とくに最近注目を集めているのが、大気中への炭素の放出を抑制する効果だ。微生物やその死骸、腐植、植物の根など土のなかにある有機物は、土をかき混ぜることで急速に分解が進み、炭素を放出する。不耕起栽培はそれを回避できるため、脱炭素を進める国際潮流にも沿うと期待されている。前述のように効果の持続には限りがあるが、挑戦することには一定の意義があるだろう。

一方、日本を含め、多くの国で田畑を耕すのがいまも一般的であることが示すように、耕すことにももちろん合理性がある。最もイメージしやすいのは、硬い土を粉砕することで、作物の根が張りやすい環境をつくる点だ。雑草ごと土をかき混ぜることで、雑草の繁茂を防ぐのにも役立つ。

雑草と作物の共生を目指して

日本ではまだ珍しい不耕起栽培を、なないろ畑はどのように実践しているのか。雑草との向き合い方を軸に栽培方法を見てみよう。

不耕起の畑は住宅街にある。すぐ近くに公園があり、畑の周りの道を住民が行き交う。もともと雑草が人の背丈ほど生えていたが、なないろ畑が借りて雑草を刈り、二〇二一年五月にナスを栽培し始めた。

栽培の手順を説明しよう。不耕起といっても、作業がまったくないわけではない。なないろ畑が重視しているのは、できるだけ自然の力を生かして栽培することだ。そのために様々な工夫をしている。

まず刈った雑草を、シートをかぶせるように畝（うね）に積む。畝に雑草が生えるのを防ぐとともに、積んだ雑草の分解が進んで肥料になる。周囲で雑草が伸びると、再び刈って畝に積む。基本はこの作業のくり返しだ。

次は播種。種をまくスペースをつくるため、畝に積んだ雑草を刈払機で切って溝をつくり、少しだけ土が見える状態にする。発芽して葉が伸びると、その周りで雑草が芽を出すこともある。これは手で取り除く。

ここまでの手順でわかるように、雑草は栽培のプロセスのなかで大きな役割を果たす。そのため、畝の周囲の雑草を完全には刈り取らず、人の足首ほどの高さで残す。その根っこは水が地中にしみこむ隙間をつくるとともに、土が硬くなるのも防ぐ。雑草と作物の共生が栽培のコンセプトだ。

市民の強み生かす非効率な挑戦

この場所で不耕起を選んだ別の事情にも触れておこう。住宅地にあるので地中に水道管が通っており、トラクターを使って耕運しにくかったのが理由の一つ。耕運して畑にすることで、周囲に土ぼこりが舞い、住民に迷惑がかかることにも配慮した。いずれも都市農業のリアルな現実だ。

もっと大きいのは、なないろ畑が環境調和型の農業を実践しているのを住民にアピールできる点だ。畑の横で週一回開く直売所は、農薬を使わず栽培していることや、不耕起の意義を地域に伝える場にもなる。

畑中は「ここは見せるための畑。自分たちの野菜づくりについて知ってもらうことは、会員を増やすことにもつながる」と話す。目指すのは、畑を中心とするコミュニティづくり。それが彼らが考えるCSAだ。

では畑を耕し、雑草を取り除きながら野菜を育てる座間市の畑と比べ、収量や品質はどうなのだろう。答えは「作物にとって向き不向きがあるらしい」。アブラナ科の作物は生育が劣るが、トマトはしっかり育ったという。

もちろん、始めてからわずかの期間で成否を判定するのは難しい。開墾して一年目は土中に養分が豊富にあることが多く、そのおかげで予想以上にうまく育った可能性もある。雑草の肥料化の効果も見定めながら、順調に育つことが確かめられれば、座間市のもっと広い畑でも同じ方法を取り入れる予定だ。

こうした取り組みに対し、「慣行栽培と比べてあまりに非効率で、大規模化にも向いていない」と考える農家も少なくないだろう。これは有機栽培に対して多くの農家が抱くイメージと共通だ。収量が落ちるリスクを考えれば、既存の農家が不耕起栽培を試みる気になれないのも理解できる。

だからこそ、なないろ畑のような農場の意義がある。会員は効率的に安く野菜をつくることを求めておらず、関心は身近な農場ゆえの安心感や環境への配慮にある。地球環境問題はこれからずっと向き合わなければならないテーマだ。CSAは、それを解決するためのヒントになる。

二千人のボランティアが支える農場

有機農業は現在の技術ではほとんどの場合、慣行農業と比べて栽培に手間がかかる。なないろ畑もその例外ではないが、作業を手伝う会員に支えられ、営農を続けている。それを最も純化した形で実現した農場がある。無償で栽培を手伝うボランティアは、年間で延べ二千人に達している。

東京都町田市にあるその農場を訪ねると、ボランティアに支えられている営農の姿をすぐに確認することができた。場所は小高い山の斜面にある小さな畑。ボランティアたちがスコップで地面を掘り、菊芋を収穫していた。

取材時間は二時間余り。代表の竹村庄平と筆者のやりとりを聞きながら、ボランティアたちが黙々と作業を続けていた。ときおり自分に関連した話題になると、竹村に促されて会話に加わった。だがそれが終わると、作業を再開。竹村もそれを気にする風もなく、取材対応を続けていた。

何カ所かに散らばっている農地を合わせると、面積は一・五ヘクタールある。約五十種類の野菜を中心に、コメもつくっている。売り先は六割を個人が占め、ほかに保育所などの施設にも販売している。

学生時代はバックパッカーとして海外旅行するのが趣味で、いずれ外国で仕事したいと思っていた。メーカーでエンジニアとして二十五歳まで働いた後、海洋土木の会社に転職してシンガポールに駐在した。ところが現地で二年ほど過ぎたころ「農業をやりたい」との思いが募り、帰国した。

背景にあったのは、二十代前半から自然食品店の野菜を食べるようになり、ずっと悩まされてきたアトピーの症状が軽くなった経験だ。竹村にとって、農薬を使わずに作物を育てることが就農の前提だった。

シンガポールから戻ると、有機農家のもとで技術を学び、実家のある町田市で畑を借りて二〇一四年に就農した。三十一歳のときのことだ。

スタート時の面積は〇・一ヘクタール強。栽培品目を増やしながら徐々に畑を集め、〇・六ヘクタールまで広がった。当初はこの面積があれば、一定の収入が得られると思っていた。実態は予想の半分に届かなかった。

「このままでは行き詰まる」。そう思った竹村は、二〇一八年に倍の一・二ヘクタールに一気に拡大した。以前から借りるよう勧められてはいたが、無理に広げる必要はないと思っていた畑を引き受けることにした。このとき急拡大を支えてくれたのが、大勢のボランティアたちだった。

手伝いたくなる運営ノウハウ

ボランティアには謝礼を一切払っていない。それどころが、作業が終わると野菜を買って帰る人もたくさんいる。ふつうなら多少は分けてあげるところだろう。こんな独特な営農の仕組みは、どうしてできたのか。

「近くに中学の同級生がたくさん住んでいる。彼らが勝手に手伝いに来てくれるだろう」。最初はそんな軽い気持ちで声をかけてみた。

たくさんの友人が畑に来てくれた。ところが、作業が終わると「食事おごれよ」などと言われる。彼らからすれば「手伝ったんだから当然」という気持ちだった。竹村は彼らの気持ちを理解できたが、そのすべてに応えていては続かないと考えた。

そのうち、竹村がボランティアを求めていると口コミで伝え聞き、謝礼や食事を求めずに、手伝いに来てくれる人が現れた。目的は見返りを得ることではなく、畑で作物に触れ、育てること自体にあった。そのことを楽しいと思い、作業が終わると、それだけで満足して帰っていった。彼らの多くは、同じように農作業が好きな知り合いに声をかけ、畑に連れてきてくれた。

この過程で「来てもらうのではなく、来たくなるようにすべきだ」と考えるようになった。まず畑の最寄り駅まで送迎するようにした。

新しい人が来たら、ゆっくり時間をかけて畑を案内する。ほんの少し作業しただけで「もう疲れた」と言う人もいるし、教えた通りに収穫できず、作物を傷つけてしまう人もいる。それでも文句は言わない。

ボランティアに来てもらう日を、竹村からは指定しない。反対に「明日行きたい」と言われれば、休もうと思っていた日でも迎えに行き、一緒に畑に出る。それが雨の日だと、倉庫で世間話をしている時間ばかりで、作業はほとんど進まなかったりする。それでも相手が望むなら、受け入れる。

ボランティアが新しい作物に挑戦したいと言ったら、「いいよ」と言って畑の一区画を空ける。この場合も、収穫した作物は農場の販売用。ボランティアたちは初めての作物を育てることを純粋に楽しむ。昔ながらの東京野菜のノラボウナやショウガ、ひよこ豆は、そうやってつくり始めた作物だ。

こうしてボランティアが支える農場ができあがった。中心となって作業してくれるメンバーは十人ほどいて、それぞれ年に五十回ほど畑に出る。ほかにも試しに来てくれる人が大勢いて、延べ人数は年間で二千人に達する。竹村は「今後も千五百人を切ることはないだろう」と話す。

人の心を豊かにする農業

販売のことにも触れておこう。売り先は個人が中心で、竹村が一軒一軒配達している。何が届くかを買う側が決められない「お任せセット」ではなく、購入する野菜をその都度選ぶことができるやり方を工夫した。

具体的には、どの地域に何曜日に配達するかを決めておいて、前日の晩に「明日こんな野菜を出せます」とメールで伝える。この作業におよそ二時間。翌日の午後四時まで注文を受け付け、必要な分を収穫して配達に回る。帰宅すると、再び次の日に配達する野菜を連絡。未明に就寝する。

作業をボランティアに任せ、取材に応じるシーンを紹介したので、本人の仕事は多くないとの印象を与えたかもしれない。だが実際は逆でかなりハードな毎日だ。一日の労働時間が十数時間になる日も珍しくない。

個別に注文を受けて配達するのも、ボランティアの求めに応じて農場を運営するのも、根っこにあるものは共通。「農場に関わる人が望むものを、顔の見える関係で提供する」ことだ。農場でとれた大豆やコメを使った味噌づくりも始めたが、これもボランティアが「やりたい」と言ったからだ。

だからこそ、ボランティアたちは自主的に気持ちよく作業する。それを知ることのできる場面が取材の最後にあった。インタビューが一区切りした後、竹村たちとレストランに昼食をとりに行った。農場に残ったのは、弁当を持ってきていた一人の女性。しばらくして畑に戻ると、その女性が何をしているのかが遠目にわかった。一人黙々と作業していたのだ。

作業内容をたずねると、淡々とした様子で「収穫した菊芋の土を取っていた」と答えた。人が見ていなくても作業することは、彼女にとって当然のことなのだ。やりとりを聞いていた別の女性は「ふつうのこと」と話した。
「ボランティアに支えられる」と書くと、善意に助けられている農場を想像するかもしれない。もちろんそこに善意はあるが、同じくらい重要なのは、畑に集う人が謝礼とは違う形で大切な何かを手にしている点だ。

ほかの農家が簡単にまねできるような営農の姿ではない。だがそこにはやはり、農業が等しく持つ、人を豊かにしてくれる価値がある。

それを実感しているから、ボランティアたちは誰も見ていなくても作物に向き合う。有機栽培であることはその前提。もし農薬を使っていたら、延べ二千人もの人が手伝いに来てくれないだろう。この農場の運営が成立しているのは、ボランティアたちと竹村が農業に求めるものが一致した結果だ。

3 有機の世界のアーティストたち

有機の王道の少量多品目

市民が支える有機農業のことはここでひとまず置き、有機農業をずっと続け、成果を上げている農家に話題を移そう。

農薬や化学肥料を使わない有機農法で、野菜を中心に様々な農産物を少しずつ栽培する。いまや新規就農の典型的なパターンの一つだが、実際にやってみて難しさを実感している人も多いのではないだろうか。どうすれば軌道に乗せることができるのか。茨城県常陸太田市の山間部で木の里農園を運営する布施大樹は、この課題を最も純粋に追求してきた農家の一人だ。

二・二ヘクタールの農地で、野菜を中心にコメや麦、大豆などをつくっている。品目数は約六十。近所でもらってきた薪を暖房や風呂に使うなど、食べるものを軸に自給的な暮らしをしている。

主力商品は個人向けの野菜セット。顧客の多くは車で一時間の範囲内に住んでおり、大半を宅配に頼らず自分で配達している。顧客と「顔の見える関係」になっていることは、販売の安定にとって大きな意味を持つ。

出身は東京。林業に興味を持ち、関連のコースがある東京農工大学に進んだ。だが卒業後の進路は林野庁の職員など公務員が中心という現実を知り、気持ちが変わった。そんなとき、沖縄の波照間島にサトウキビを収穫するアルバイトに行き、「自分のやりたいのはこれだ」と思うようになった。

「歌を歌いながら作業をし、疲れたらパラソルの下で昼寝する。夕方に仕事が終わったら海に潜って魚を取り、夜は泡盛で酒盛りする」。布施はバイトで知り合った農家たちの暮らしをそう表現する。農家の一人は酒を飲みながら「おれたちは自分の力だけで生きている」と語ったという。

農業に強い憧れを抱いて大学を卒業し、有機栽培の研修農場で三年半学んで就農した。一九九八年のことだ。有機を選んだのは、学生時代に農家に話を聞こうと思ったとき、受け入れてくれた人の多くが有機農家だったからだ。環境破壊に強く反発していた布施にとって、彼らは「輝いて見えた」。

ローンに頼らず家を建てた

常陸太田市の山間部を就農場所にしたのは、カメラマンをしていた父親が家を借りて活動の拠点にしたいと考えていたからだ。もともと林業に興味があったことの延長で、山の中で農業をしたいと思ったことも影響した。

妻の美木と結婚したのは二〇〇〇年。布施が参加した新規就農がテーマのシンポジウムを、美木が聴きに行ったことがきっかけだ。美木はタイの山岳地帯に住む少数民族を支援する活動に参加したことがあり、山の暮らしを守りたいとの点で思いは一致した。いまも二人の営農の最も大切な部分だ。

この取材をしたのは二〇二一年で、布施が就農してすでに二十年余り。野菜セットの顧客は約二百人で、年間の売り上げは二千万円に達していた。これまで少量多品目を選んだ就農者を何人も取材してきたが、売り上げが数百万円にとどまるケースが少なくない。彼らと比べると、布施はかなり売り上げが多い部類に入る。

子どもは大学生と高校生、中学生の三人。銀行などから借り入れることなく、家もローンに頼らずに建てた。専業農家として生活が成り立っている点について、美木は「私たちはそれを自負してます」と語った。

人間関係の広がりが左右

栽培と販売の両面で、どう工夫してきたのか。そうたずねると、栽培について布施は「段取りをきちんと踏んで育てている」と答えた。

「いつ種をまき、草刈りをするか、やるべきことをやるべきときにできるかどうかで勝負は決まる」。作物の性質を理解したうえで、生育段階に合わせてタイミングよく適切な手を打つ。その結果、「すべての作物が一度に失敗することはない」という多品目栽培の強みを生かせるようになる。

裏返して言えば、有機栽培は農薬や化学肥料を使えないため、病害虫や天候不順の影響を避けるのが難しい。それをカバーするには、一定の被害を計算に入れたうえで、多くの品目の栽培に熟達する必要がある。

それを可能にするのが探究心だ。落花生は数年かけてようやくうまく発芽するようになった。二〇二一年からはトマトのハウス栽培も始めた。常に新しいことに挑み、試行錯誤を地道に重ねる。すると「作物となじめる瞬間が来る。そんなとき、ああなるほどなと思う」。栽培の醍醐味だ。

野菜セットの顧客はどうやって増やしてきたのか。布施によると、「顧客の数は自分たちの人間関係の広がりに左右される」。そのために必要なのは「農業以外のことに充てる余白の時間を持つ」ことだ。ここで、市民に支えられる農場との間で根底にある共通点が浮かび上がる。

当初はチラシをつくり、団地のポストに入れて回った。保育所の前で子どもを待っている母親たちにもチラシを配った。すると数カ月で、顧客は三十人ほどになった。積極的に野菜を売り込んだのはここまでだ。

その後は口コミで顧客が増えていった。カギを握るのは、営農と地域を結ぶ活動だ。例えば、布施は山林の落ち葉で堆肥をつくることなどを通し、里山を保全する「落ち葉ネットワーク里美」の代表を務めている。

参加しているのは、有機農家や野菜セットの顧客など十数人。森の下草を刈り、落ち葉を拾って景観を守るこの活動に多くの人が共感してくれていることが、二〇一一年にわかった。震災による原発事故がきっかけだ。

家を建てたら顧客が離れた

落ち葉ネットワーク里美の活動の一環として、二〇一一年十月、放射性物質で汚染された落ち葉の除去を呼びかけた。すると、メンバー以外に百人以上の市民がかけつけた。竹製の熊手を持ち、険しい斜面で落ち葉を集め、袋に詰めた。筆者も参加したが、かなりハードな作業だった。

同様の取り組みとして、布施は「種継人の会」も主宰している。地域に昔からある作物を守り、次代に伝えるのが活動の目的だ。参加しているのは、地元の農家や商店主、デザイナー、そして一般の市民たちだ。

こうやって活動の場を広げることで、何度か壁に当たりながらも少しずつ顧客を増やしていった。もちろん活動の目的は地域を守ることであって、営業ではない。あえて「野菜を買ってほしい」と頼んだりもしない。

カギを握るのは「共感」だ。布施がどんな思いで農業に向き合っているかを交流のなかで知ってもらえることで、注文が自然と入るようになる。

一方で布施は、人間関係だけに頼る危うさも指摘する。いまも思い出すのは、二人が家を建てたときに注文がかなり減ったことだ。その理由について「何だ、もうかってるのかと思われたんだろう」とふり返る。

繰り返しになるが、有機栽培は手間がかかるので価格競争にはなじみにくい。それに挑戦している農家の農産物を買う理由には、共感だけでなく同情も混じる。その入り交じった気持ちで応援してきたが、家が建てられるくらいなら、もう応援する必要はないと考える。農家として真価が試される瞬間だ。

だからこそ、布施は「品質を評価してもらうこと」を最も重要な目標に掲げる。品目を増やし、技術の向上に励むのはそのためだ。野菜の味への評価と、取り組みへの共感が重なることで、継続的に買ってくれる人が増える。二百人の顧客と二千万円の売り上げは、それがかみ合った成果だ。

最強ブランド魚沼コシの三倍で販売

確かに布施夫婦は、新規就農の有機農家として売り上げが多い部類に入る。だがここまで見てきたように、二人にとって農業をやることはビジネスだけで割り切れるものではなく、山のなかで暮らすという生き方と不可分のものだ。新しい作物に次々挑む職人気質も、ライフスタイルのなかにある。

農家として生きる哲学と、栽培技術の探究。この二つの結びつきは、ベテランの有機農家に共通の特徴ではないかと思う。新潟県十日町で三十年以上にわたって有機農業を手がけている山岸勝もそんな一人だ。

農薬や化学肥料を使わず、自家製の堆肥でコシヒカリをつくり続けている。栽培面積は一ヘクタールと、稲作ではごく小規模の部類に入る。それで営農が成り立っているのは、山岸のつくるコメにほれ込み、ふつうのコメよりずっと高い値段で買ってくれる固定客が大勢いるからだ。

「できるだけ自然にコメをつくりたい」という思いを共有する地元の農家と一緒に、「魚沼ゆうき」というグループをつくっている。そのブランド名で、農業法人の越後ファーム（新潟県阿賀町）にコメを販売している。

越後ファームのコメの販売店「田心」は、日本橋三越本店など東京の中心部にある。越後ファーム代表の近正宏光によると、腕に自信のある農家のコメが並ぶ同社の売り場のなかでも、魚沼ゆうきはトップクラスの人気という。

山岸の田んぼがある十日町は、おいしいコメの産地として知られる新潟県魚沼地方にある。魚沼産コシヒカリは一般のコメよりかなり高値で売買されるが、越後ファームが魚沼ゆうきから買い取る価格は、その三倍以上に達している。店頭価格は当然それより高くなるが、売れ残る心配はない。

腹を見せて死んだ田んぼの生き物

山岸は農家に生まれたが、もともと農業はやりたくなかったという。子どものころに農作業を手伝い、いかに大変か身にしみて知っていたからだ。農薬も化学肥料も普及しておらず、有機農業に似た栽培方法だった。

実家を継がず、農協で働いたり、お茶の販売店を営んだりした。転機は三十代前半に訪れた。父親が交通事故に遭い、農作業ができなくなったのだ。母親だけでは稲作を続けるのが難しく、家業を継ぐことにした。

子どものころと違い、すでに農薬を使うのが当たり前になっていた。近くの農家と共同で大型の噴霧器を使い、田んぼに向かって数十メートル先まで農薬を散布した。農薬をまいた後は、子どもが間違って田んぼに入らないように赤い旗を立てた。田んぼのあちこちで赤い旗が揺れていた。

「カエルやイナゴ、トンボ、ザリガニ。田んぼにはいろいろな生き物がいた。ところが農薬をまいた後を見ると、目の前でみんな腹を見せて死んでいた」。山岸は農業を始めたころに見た光景をこうふり返る。

もともと農業の大変さに嫌気がさして、家業を継がずに別の仕事を選んだはずだった。だが農薬の影響で田んぼの生き物が消えていく様子を見ているうち、気持ちに変化が生じた。自然農法の本も読んでみた。

この辺りの事情は、いま有機農業を始める就農者とだいぶ違うのではないだろうか。農薬の使用基準はかつてと比べて格段に厳しい。農薬を適正に使えば安全性に問題はないことを理解している有機農家も少なくない。

それでも彼らが有機農業を選ぶ背景には、「環境に調和した農業をやりたい」「生物多様性を大事にしたい」といった思いがある。言葉にすれば山岸と同じで、その思いは純粋なものだろうが、田畑の生き物が減ることへのリアルな感覚は、基準が緩かった山岸の時代と差があるのではないかと思う。

こうして山岸は就農から十年近くたったとき、栽培方法を変えることを決意した。「自分の田んぼの一部を、共同防除の対象から外してほしい」。近隣の農家にこう告げた。三枚ある田んぼのうち一枚で農薬をまくのをやめ、徐々に全体に広げていった。大変だったかつての農作業に戻ることにしたのだ。

五年かけてつくる自家製堆肥

三十年余りの経験を通し、山岸は有機農業の稲作で自ら理想とする方法を追求してきた。そのいくつかを紹介したいと思う。

一つは苗づくりだ。堆肥や土を入れて種をまく苗箱の大きさは、縦が六十センチで横が三十センチと一般のものと同じ。違うのは種をまく量だ。苗箱のなかに約二百グラムをまくのが一般的なのに対し、山岸は六十グラム程度しかまかない。苗が過密にならないので、丈夫に育ちやすいからだ。

田植えのやり方も、苗づくりと考え方が共通している。ふつうは一坪に六十〜七十株を植えるが、山岸は多くても四十五株。株ごとの間隔を空けることで苗によく日が当たり、風通しもよくなる。その結果、稲が病気になりにくくなるという。農薬を使えないからこそ工夫した栽培方法だ。

土づくりには最も力を入れている。山岸のポリシーは、「自分のところでできたものだけで堆肥をつくる」こと。具体的には稲わらやモミ殻、米ぬかのほか、大豆も栽培しているので大豆かすも堆肥の原料にする。それらを山積みにし、じっくり五年ほどかけて完熟堆肥をつくる。

堆肥を田んぼに入れるのは、稲刈りの後だ。田んぼに残った稲わらと一緒にトラクターで土とかき混ぜる。すると冬のうちに、微生物の働きで堆肥やわらの分解が進む。十日町は雪の多い地域だが、慣行栽培の水田より雪が解けるのが一週間ほど早いという。有機物の分解で発生する熱の効果だ。

山岸はこの作業を毎年くり返すことで、稲が根を張りやすく、保水性などの面でも優れた田んぼの土をつくりあげてきた。しかもこの土は稲の生育に適しているだけでなく、別の特質も備えている。雑草が生えにくいのだ。

とろとろの土が雑草の種を封じ込める

雑草が生えにくくなる現象は代かきの後、石や土が重い順に下に沈み、田んぼの水が澄んでくる過程で起きる。まず小さな石などが下に沈んで層をつくる。その上に積もるのが、もっと細かい土の粒。さらに微生物やその死骸、分解された有機物などが一番上にとろとろの層をつくる。

田んぼの土のこの三層構造のうち、雑草の種の多くは下のほうに沈み込む。とろとろの層と比べ、雑草の種のほうが重いからだ。その結果、種には太陽の光が当たらなくなり、発芽しにくくなる。そしてこのとろとろの層は土づくりを続けるほど厚くなり、発芽を防ぐ効果も大きくなる。

山岸は「土のなかに種は膨大な数あるので、農薬を使ってもゼロにすることができない」と話す。まして有機農業は農薬を使うのを禁じ手にしているので、雑草への対処はずっと難しくなる。そこで種を殺すのではなく、「寝たままでいてもらう」。こうした手法を、山岸は「抑草」と呼んでいる。

有機農業で水田の雑草を抑える技術には、水面を紙で覆ったり、炭を原料にした資材で水面を黒く濁らせたりする方法がある。山岸はかなり前にどれも試してみたが、「コストに見合うほどの効果を得られなかった」。強風で紙が飛ばされたり、大雨で黒い液が流されたりしたからだ。

試行錯誤の末にたどり着いた結論が、堆肥で土を豊かにするという有機農業の基本を徹底すべきだということだった。稲が元気に育つ環境を整えるため、時間をかけて取り組む土づくりが、雑草が発芽するのを抑える効果も発揮する。山岸は「理想的な土の層をつくることが大切」と強調した。

やり方は同じではないが、似た発想で有機栽培に長年取り組んでいるベテランの野菜農家に取材したことがある。堆肥は近隣で手に入る木材などを細かく砕き、農場の片隅や周囲に積み、何年もかけてじっくりつくる。

畑なので、とろとろの層に種を封じ込めることはできない。そこで農場を歩いて畑を観察し、雑草の芽を見つけると靴先でさっと掘り返して退治する。そんな作業を長年の間ずっとくり返してきた。種のままだと、機会があれば発芽することもある。だが発芽したものを処分すれば、もう芽を出すことはない。

農場は四ヘクタールあり、有機栽培では広いほうになる。そこでこの作業を地道に続けた結果、雑草の繁茂をかなり抑えることができるようになった。即効性のある解決策に頼らず、時間の流れを自然と共有するようなゆったりしたリズムで作物に向き合う。それが環境に調和した農業の扉を開く。

彼らに共通しているのは、効率を最優先にするのを良しとしない強いこだわりだ。農産物を生産し、販売することは経済活動の一つではあるが、その真ん中をある種の美学とでも言うべきものが貫く。それは有機農業の価値をとても純化させた形で高めるが、誰もがあまねく挑戦できる手法ではない。

この点に関しては、山岸も取材でジレンマを打ち明けた。高い値段で売るのが本当の目的ではない。より多くの農家が共感し、参加できるようになれば、もっとたくさんの消費者に有機でつくったコメを届けることができる。少し寂しそうにそう話していた。

4 有機農業のビジネス戦略

難しいから有機を選んだ

農水省はみどりの食料システム戦略で、有機農業の面積を二〇五〇年までに二五%にする目標を掲げた。実現するには強い思いを抱いた一握りの人だけでなく、誰でもできるようにすることが欠かせない。そして他のテーマと同様、新しい世界への扉を開くのは個々の農業者の創意工夫だ。政策が動き出すより先に、有機農業を本格的にビジネスにする挑戦が始まっている。

有機農業で典型的なスタイルは少量多品目栽培だ。量と値段では産地に太刀打ちできないため、たくさんの種類をつくって特色を出す。ただ多くの場合、経営規模は小さいままにとどまっている。手間がかかるので広げにくいのに加え、もともと大規模化を目指していない人が多いからだ。

そんななかで、例外的に規模拡大を模索しているのが、千葉県印西市にある柴海農園だ。代表の柴海祐也が二〇〇九年に創業した。

面積は九ヘクタールで、年間を通して約百五十種類の野菜を育てている。ピクルスなどの加工品も製造しており、年間の売上高は約八千万円。少量多品目の有機農家の売り上げとしては飛び抜けて多いと言っていい。

実家は代々続く農家で、両親はトマトをつくっていた。もともと市場に出荷していたが、あるとき自宅の前で直売を始めた。客とじかに接することに両親がやりがいを感じている様子を見て、柴海は「いいなあ」と感じたという。売価も市場出荷よりずっと高かった。これが営農の原点になった。

高校を卒業すると、農業関係の短大に進んだ。やりたいと思ったのは「難しい」と言われていることへの挑戦だ。それが有機農業だった。サークルのメンバーと有機農家の家に住み込み、栽培を教えてもらった。短大を出て三年ほど飲食店で働いた後、地元で就農した。二十三歳のときのことだ。

ここまででわかるように、有機農業を選んだ理由は他の多くのケースと異なる。ふつうは食の安全や環境問題への関心、生物多様性を守りたいとの思いを背景に有機を選ぶ。これに対し、柴海の動機は「無理と言われているから」。他と違いを出したいと思う時点ですでにビジネスの発想がある。

ふつうの大根をつくるべきタイミング

実家の所有している農地とは別に三十アールの畑を借り、有機栽培を始めた。

まず手がけたのは、個人向けの野菜セットの販売だ。農薬を使わないので品目を絞って確実につくるのが難しいため、できたものの組み合わせでセットにする。そのためには、たくさんの種類をつくり、消費者を飽きさせない努力も大切になる。柴海は「有機では一番理にかなったやり方」と話す。

まず地元でチラシを配り、十軒の契約を獲得した。マルシェにも参加してチラシを配った。ホームページを開設したり、ブログを書いたりして、商品の魅力を伝えるよう努めた。個人客はいまでは三百軒に増えた。飲食店にも野菜セットを売っているほか、小売店にサラダセットを販売している。

セットの中身は他の農家と同様、「うちが自由に決めている」。ただし、旬の野菜を漫然とつくっているわけではない。柴海は「野菜の相場は時期によって変わる。それにどう対応するかが重要」と話す。野菜セットの値段は一定でも、スーパーの価格は変動する。消費者はそれを意識するからだ。

その手法を、ダイコンを例に説明してくれた。一般に十一月は出荷量が増え、値段が安くなる。そこで、栽培は難しいが味のいい品種をセットに入れる。選んだのは、甘みが特徴の「くらま大根」。値段だけで比べられるのを防ぐため、「自分が一番おいしいと思う品種」で差を出しているのだ。

逆に一～二月は十一月と比べて品薄になり、相場が上がりやすくなる。この時期は、よりつくりやすい「三太郎大根」を選ぶ。「スーパーのダイコンは値段が上がっているのに、野菜セットは値段が変わらない」と感じてもらうのが目的だ。そのために優先するのは、栽培に失敗しないことだ。

食の安全や環境問題への関心が、柴海にはないと言うつもりはもちろんない。ただ取材を通してより鮮明に浮かび上がってきたのは、ライバルと差を出すために重ねた様々な工夫だった。

食品メーカーに勝つ戦略

加工品の主力であるピクルスにもそれが当てはまる。

様々な食品メーカーがピクルスを売っており、消費者に手にとってもらうのは簡単ではない。この点について、柴海は「安い漬物はいくらでもある。農家ならではのものにしなければ、埋もれてしまう」と話す。

ここで強みを発揮するのが、育てている野菜のバリエーションだ。特定の品目に絞らず、五〜六種類の野菜を使って製造する。例えば、ブロッコリーなどふつうピクルスには入っていないような野菜も原料にする。

野菜セットと同様、中身は季節ごとに変える。柴海は「消費者がほしいのはおいしいピクルスであって、決まった中身を望んでいるとは限らない」と指摘する。同じ内容の商品を大量に売って利益を出すのを前提に製造ラインを組んでいるメーカーにこのやり方は難しい。小回りの利く農家の強みだ。

虫食いがあったり、割れたりしているような野菜を加工に回すこともある。もちろん、味にも安全性にも何の問題もない。にもかかわらず、そのまま売ったのでは安値にしかならない野菜の付加価値が、加工することで一気に高まる。六次産業化の最大の醍醐味だ。

その一環として「干し野菜のピクルス」も商品化した。ニンジンやズッキーニ、ミニトマト、キュウリなど様々な野菜を乾燥させ、ピクルスの原料として活用する。野菜をそのまま使うピクルスとは違う食感や味わいの提案だ。

柴海はここでも「同じことを食品メーカーがやるのは難しい」と指摘する。野菜を乾燥させるという手間を製造工程に加えると、採算が合いにくくなるからだ。規格外品とはいえ、ただで仕入れることはもちろんできない。

その同じ野菜が、農家から見れば新たな価値を帯びる。もともと売っても利益が出ないので廃棄していた野菜を使うので、原材料費をずっと低く計算することができる。その結果、乾燥というひと手間が可能になる。農家がやるからこそ、食品メーカーと差を出せるという発想がここにもある。

そして重要なのは、柴海にとってこうした差別化戦略は、有機栽培を選んだこととまっすぐにつながっている点だ。「有機は難しい」とはなから諦めたりせず、理詰めで次の手を考える姿勢にその営農の妙味がある。

利益の出る栽培技術に十年

ここまで読んできて、柴海が順調に歩んできたと思う人もいるだろう。だが軌道に乗るまでに苦労したこともある。栽培だ。

学生時代に農家のもとで有機栽培を学び、「これならいける」との手応えを得ていた。ところが就農して本格的に始めてみると、すぐに「甘かった」と気づいた。栽培で何度も失敗し、「農業そのものの難しさに、さらに有機栽培であることの難しさが重なる状態」が何年も続いた。

事態を打開するため、改めて有機農家を訪ねたり、有機栽培に関する勉強会に参加してみたりした。栽培のコツをある程度つかむまでに五年かかった。その間、「いつも悩み、悔しい思いをしていた」。そして就農から十年ほどたったころ、ようやく安定して利益を出せるまで技術が高まった。

作物ごとに体系的につくり方を解説した本が有機栽培では見つからなかったため、慣行栽培の本を参考にした。例えば「ダイコンは種をまく前にこの農薬をまいておく」と書いてあった。もちろん有機で農薬は使えない。ただ、種をまいて間もなく害虫が発生するリスクがあることはわかる。

害虫を防ぐには、農薬をまく代わりに防虫ネットを張るなどの方法がある。ではいつ張ればいいのか。いろいろ試した結果、柴海の地域では九月半ばまでに種をまくと害虫が出るが、それ以降だとほとんどリスクがないことがわかった。手間や経費がかかりがちな有機栽培にとって、とても大切な気づきだ。

柴海は栽培面での工夫について話すなかで、「タイミング」という言葉を何度も使った。農薬という奥の手を使えない以上、いかに先手を打って病害虫を防ぐかがとりわけ重要になる。そのスキルを時間をかけて高めていった。

有機版の栽培暦の作成を

これは有機農業の普及にとって示唆に富むエピソードではないだろうか。慣行栽培と違い、有機栽培にはふつうに使える便利なテキストがない。書店に行けば、関連する様々な書籍を見つけることはできる。だが実際にそれに照らし合わせて作物を育てようと思ったとたん、農家は困惑する。栽培で打つべき手や気をつけるべき点は、地域によって大きく異なるからだ。

農水省が二〇二一年五月に決めたみどり戦略は、ＡＩやドローンなど新技術の活用が目立った。イノベーションという言葉も資料のなかに頻出した。目標を達成するための手法は他にも列挙してあるが、「必要な技術を開発するので実現できる」という印象が前面に出た。

技術開発の意義は否定しない。だが、それを実際に使えるものにするうえで大切なのは、現場の知見の集約だ。例えば、農協が新しい作物で産地化に挑戦するとき、「栽培暦」をつくって部会のメンバーで共有する。いつなにをやるべきか、一年目に照準を絞るのは難しい。そこで収穫のたびに結果を点検し、優れた成績を残した生産者の経験をもとに暦を充実させる。

有機栽培を選ぶのは往々にして独立系の新規就農者で、産地化を目指すような発想がそもそもない人が少なくない。栽培に向き合う個々の努力は言うまでもなく貴重だが、大勢で切磋琢磨しながらノウハウを集積する動きには当然なりにくい。これが大規模な農場運営を目指す人が少ない点と併せ、有機農業が広まらなかったことの背景にあるのではないかと思う。

有機農業にこれから必要なのは、こうした現状を乗り越える取り組みだ。先行する事例がないわけではない。有機が盛んな地域では、農協や農家が勉強会を開き、技術を高めている。とくに農薬や化学肥料をゼロにするのではなく、半分以下に減らす特別栽培では、もっと多くの地域が実績を上げている。

大切なのは、それが今後どれだけ広がりを持てるかだろう。

目標とノウハウを共有する意義

ＳＦの世界をイメージさせるような、いまとは不連続な技術を創出しなくても、すでにある技術を持ち寄れば、栽培暦のたたき台はつくれる。有機農家の数が少なすぎるので、栽培暦をつくりようがないと思う地域も多いだろう。だが、産地化は多くの場合、そんな地点から出発してきた。

例えば、ＪＡ全農の茨城県本部（ＪＡ全農いばらき）は、地元でほとんどつくられていなかったショウガの産地化に成功した。担当者はショウガの栽培が盛んな地域に行って基本的なことを学び、茨城の土壌や気候にアレンジして安定した収量に道筋をつけた。同じことは有機でも可能だろう。

農水省にも栽培暦が大切だという問題意識はある。

二〇二一年十二月には、「より持続性の高い農法への転換に向けて」というタイトルのチェックリストを公表し、栽培暦や栽培マニュアルを環境負荷の低減という目的に沿って見直すためのポイントを示した。

内容は三つのステップに分かれている。肥料や農薬の過剰投与を改めるため土壌分析にもとづいて施肥しているかどうかなどを点検する。次に緑肥や堆肥を活用しているかどうかなどをチェックする。そして先端技術を活用した高度な取り組みを実現するため、農水省がまとめた技術カタログを参考にするよう促している。リストの活用を想定しているのは自治体や農協だ。

さらに同じ時期に「持続性の高い農業の事例集」を、「減化学肥料・化学農薬編」と「有機農業編」の二つに分けて公表した。リンゴの特別栽培や環境保全型のコメづくり、アイガモ農法によるブランド強化、田植え後に除草しない有機稲作、野菜の少量多品目栽培など様々な事例を取り上げた。

こうしたチェックリストや事例集は自分たちの地域で何ができるのかを考えるヒントにはなるが、それを読んだだけで、環境調和型の農業が実現するわけではない。産地化に挑むときと同様、モデルとなる地域を自治体や農協の職員、農家が訪ねて調べ、自らの地域に落とし込んではじめて、栽培暦は「使えるもの」になる。

先端技術を活用するスマート農業を取り入れても、農業がいきなり環境調和型に移行するわけではない。目標を関係者が広く共有し、ノウハウをともに高めることができる下地があってはじめて、食料生産のシステム全体を変えることができる。そんな地道な作業のなかに農業の魅力もある。

野菜セットから単品売りへ

話題を柴海農園に戻そう。有機農家には規模拡大を目指していない人が多いと先に書いたが、ここは例外。八千万円の売り上げでも十分多いほうだが、事業をさらに大きくするため、二〇二二年に新たな手を打った。

二ヘクタールの畑で有機JASの認証を取得し、スーパーに売り始めた。これまで小売店にはサラダセットを売っていたが、これを機に野菜の単品売りを始めた。ミニトマトやナス、カボチャ、タマネギ、ケールなどだ。

単品売りが順調に進めば、売り上げの大幅増を見込むことができる。その条件が認証の取得だった。「顔の見える関係」にある個人顧客や飲食店は認証があるかどうかを気にしないが、大手スーパーで売ろうと思うと、第三者のチェックが必要になる。店に来る消費者と直接の接点がないからだ。

セットと比べ、スーパーの単品売りで勝負しようと思うと、どうしても売価は下がる。そこで「うちが得意なものと、需要があるもの」に絞り、出荷してみることにした。栽培が安定していて品質が高く、量が売れるものほど利益が出やすいからだ。「培った技術が通用するのか試したい」。そんな思いも新たな挑戦の背景にはある。

効率を高めるため、対象品目はこれまでより多くつくるようにした。うまくいけば、野菜セットにもプラスの効果が出る。セットならより高い値段で売ることができるので、経費率が下がれば利幅を大きくすることができるからだ。スーパー向けの販売は、採算分岐点を下げるきっかけにもなる。

少量多品目で育て、内容はお任せの野菜セットを、柴海は「一番理にかなったやり方」だとずっと思ってきた。そこから一歩を踏み出し、収益の新たな柱づくりに乗り出した。棚で横に並ぶのは、慣行栽培の野菜だ。

もともと有機JASの認証を数年前に取得する予定だった。ところが新型コロナの流行を受け、いったん取得を見合わせた。「巣ごもり消費」の拡大で野菜セットの注文が急増したため、手が回らなくなったからだ。

この間、環境の変化で需要の浮き沈みを経験した。個人向けは好調だったが、コロナの影響をまともに受けた飲食店向けの販売は低迷した。こうした経験を通し、複数の販路を持つことの大切さを改めて実感した。

売り方を多様化する背景には、「農業の景色が就農時と変わった」こともある。農家の数が減り、空いた畑が増えた。「うちができることが、この範囲にとどまっていていいのか」と考えるようになった。そんな思いが、スーパーでの単品売りという、新たな舞台に立ってみる決意につながった。

少量多品目の有機栽培と野菜セットの組み合わせは、日本の有機農業の長い歩みのなかで確立されたモデルだ。だが進むべき道は他にもある。柴海は先輩たちへのリスペクトを示しつつ、「自分たちの世代はこれまでのビジネスモデルを超えるチャレンジをしないといけない」と意気込む。

5 国境を越える「丸っこいマーク」

売り上げ一億円は通過点

多くの有機農家にとって、農業と生き方は分かち難いものだ。それはとてもステキな営農の形だが、そればかりでは裾野は広がりにくい。そんな有機農業のあり方と一線を画し、はじめからビジネスと捉えて就農した人がいる。

茨城県つくば市で「ふしちゃんファーム」を運営する伏田直弘だ。まずは既存の有機農家を刺激すること間違いなしの一言から紹介しよう。

「あの丸っこいマークのシールが貼ってある野菜はそんなに多くない。マークの意味を消費者に知ってもらい、一般的な農法でつくった野菜と同じような値段で店頭に出せば、きっとこっちを買う。そんなことが世の中にほかにあるだろうか。ビジネスチャンスとして素晴らしいではないか」

ここで「丸っこいマーク」とは、有機ＪＡＳマークのことを指す。柴海農園がスーパーに野菜の単品売りを始める際に取得した認証だ。伏田はビジネスの姿勢を鮮明にしたこの言葉に続き、「このマークを取る労力はたいしたことない」とも話した。彼にとってそれは有機栽培は難しくないというのと同じ意味だ。

一九七〇年代に日本で有機農業を始めた人のなかには、有機農業を「お金もうけの手段」と考えることに反発を抱く人もたくさんいた。公害が社会問題になっていた時代背景を考えれば、決して理解できないことではない。

一方、伏田は環境問題に対して「まったく関心ない」という。では「素晴らしい」と評したビジネスチャンスをどこまでつかめたのか。

農場を開いたのは二〇一五年。主な栽培品目はコマツナやホウレンソウ、ミズナ、ロメインレタスで、最近はイチゴにも挑戦している。二二年時点で五十六棟のハウスのほか、一ヘクタールの露地の畑がある。売り先はスーパーや学校給食など。農産物を扱うECサイトでも販売している。

売り上げは約一億円。しかも、この規模は伏田にとって通過点でしかない。慣行農法と比べて収益性で劣るとされる有機農業で、どうやって異例の成長を続けているのだろうか。

素人と自覚して再出発

実家は非農家だが、大学に入るころには将来、農場を経営したいと考え始めていた。そこで九州大学で農業経営学の修士を取得し、外食企業に就職した。この企業が農業参入を計画していたからだ。

希望が通り、二年目から農業を担当した。つくったのはミズナやリーフレタス。会社の指示で、有機JASの認証も取得した。このとき伏田は二つのことを実感したという。一つは想像したほど栽培が難しくなかったこと。もう一つは有機野菜の値段が高かったことだ。「もうかる」との手応えを得た。

この会社を四年でやめると、次は農林漁業金融公庫（現日本政策金融公庫）に転職した。農業金融の仕組みを知りたかったからだ。農家や農業法人向けの融資を担当し、簿記や財務、税務などを勉強した。融資案件の上司への説明を通し、どうすれば融資を受けることができるかも理解した。

いかに戦略的に就農に備えてきたかが、ここまででわかるだろう。そして公庫を七年勤めてやめ、念願だった農場経営に乗り出した。

つくば市で農地を借りてハウスを建て、カブとホウレンソウ、コマツナの種をまいてみた。すぐに収穫できると思っていた。ところが、ある日ハウスに入ってみると、小さな虫がいっぱいついていた。アブラムシだ。

ホウレンソウとカブはほぼ全滅状態だった。「簡単」と思って始めた有機栽培だが、いざ独立してやってみるとそう甘くはなかった。選択肢は二つあった。品目を増やしてリスクを分散するか、とりあえずつくれそうな品目に絞るか。新規就農の有機農家は前者を選ぶケースが少なくないが伏田は後者を選んだ。無事だったコマツナに絞り、技術の向上を目指すことにした。

「自分は素人だ。何もわかっていなかった」。そう痛感した伏田は、ただちに次の行動に出た。専門家が開く勉強会に継続的に参加し、土づくりを学んだのだ。土の状態に合わせた施肥設計や、植物が必要としている栄養素について理解を深め、それを一つひとつ試しながら自分の農場で実践した。

伏田にとってこれは貴重な経験になった。専門家の意見に耳を傾けることで、自己流に陥るのを防ぎ、技術を高め続けようという姿勢は、その後も一貫している。同じつくば市にある近さも幸いし、国の研究機関である農業・食品産業技術総合研究機構の研究者も伏田に協力するようになった。

その結果、天候の影響で他の農場では貧弱なコマツナしかできないときでも、伏田はしっかり育てることができるようになった。「有機栽培は難しくない」と言い切れるようになるまでには、こうした経緯があった。

コストアップを許容するわけ

栽培に関しては、研究者と連携することで当初直面したハードルを越えた。だがより重要なのは、栽培から販売にいたるまで細部にわたって徹底して合理性を追求する姿勢だ。これは有機かどうかとは関係ない。

伏田の発想を端的に示す逸話を取り上げよう。二〇二〇年に肥料の購入方法を変えた。原料を買って農場で混ぜ合わせるのをやめ、必要な内容を肥料会社に伝え、ブレンドずみのものを買うようにした。その分、肥料の値段は上がった。その理由を、伏田はこう説明する。

「時給千円のスタッフが肥料を混ぜ、ハウスでまくのに合わせて二時間かかるとする。千円高いブレンド肥料を使えばそれが一時間になる。コストを比べると同じように見えるが、ぼくはそうは思わない」

理由は、肥料を混ぜないことで浮いた一時間を収穫に充てることができるようになるからだ。この場合、肥料で発生したプラス千円は純粋なコストアップになるが、収穫は売り上げに直結する。一定の時間にかける費用を増やすことで、その間にかせぐことのできる売り上げを増やしたのだ。

「二つのやり方のコストを比べるのではなく、どれだけ付加価値を生むことができるかを考えるようにした」。伏田はそう強調する。

鮮度保持を徹底追求

野菜の品質についても、リアリズムを徹底する。「味の好みは人によって違う。誰もが共通して価値を認めるのは鮮度」。ただし、収穫してすぐ出荷すれば鮮度は高いが、決まった量を安定して出荷するのが難しい。

ではどうやって鮮度を保つか。最も効果を実感しているのが、冷蔵庫の壁に貼った特殊なパネルだ。電磁波を出して電界を発生させ、野菜の劣化を防ぐ。冷蔵庫内の温度に偏りが出て一部が氷点下になっても、野菜が凍るのを防ぐ機能もあるという。二百万円をかけてこのシステムを導入した。

工夫している点はほかにもある。例えば、ハウス内の温度が四十度近くに達する夏場に野菜をいきなり冷蔵庫に入れると、温度の急激な変化で傷むことがある。そこで作業場に二時間置いてから冷蔵庫に入れる。

野菜を入れる袋の素材には、水蒸気で内側が曇るのを防ぐ機能のある厚手のフィルムを使っている。蒸れて野菜が傷むのを防ぐだけでなく、袋がぺちゃんこになりにくいので、野菜がつぶれないという効果もある。

こうした取り組みの結果、経費がかさんで収益を圧迫する心配はないのだろうか。この問いに、伏田は「何の問題もない」と答える。

冷蔵庫の鮮度保持システムはリース方式で導入した。リース料は月二万円強。販売面での様々なメリットを考えれば、負担に感じるような金額ではない。

曇りを防ぐ効果のあるフィルムの値段は、他の農家が使っている一般的なフィルムと比べるとやや高い。それでも迷わず導入した。コスト上昇分を、出荷方法を工夫することでカバーしているからだ。

伏田によると、他の農家はふつう一つの段ボール箱に二十五袋を入れて出荷している。「四のように見える。

箱だから合わせて百袋」など、商品の数を計算しやすいのが理由という。理にかなったやり方

これに対し、伏田は一箱に三十五袋入れる。その結果、一袋当たりの箱代や輸送費を減らすことができる。経費が減れば利益が増えるが、伏田は「その分をフィルム代に回している」と話す。ちなみに、箱に入れる袋の数を増やしても、売り先から問題にされたことは一回もないという。

ブレンド肥料について取材したときを含め、コストと利益の関係について質問すると、なぜ採算に合うのかを常に即答する。筆者から聞かれるまでもなく、それを最も重視して経営を考えているからだろう。

「多くの有機農家はうちと比べて設備が脆弱だ」。伏田はこう指摘する。そしてこうした戦略が新たな展開を可能にした。海外への輸出だ。

国内戦略の延長でアジアへ

徹底した合理性が、伏田の考え方の特徴だと先に述べた。横並びの発想で事業を伸ばすのは難しいと考え、国内の農家ではまだ少数派の有機栽培を選んだ。しかもそれを売り先に示すため、有機ＪＡＳの認証を取得した。食の安全や環境保全に取り組む農場に与えられるＪＧＡＰ

の認証も取得している。

輸出は二〇二〇年から始めた。一年目は専門商社を通し、ドイツとフランスにコマツナとミズナを輸出した。欧州は日本と比べて有機農産物の需要が大きく、有機ＪＡＳの認証を取得していることを評価してくれた。

ただこのルートでの販売は、すぐに立ち消えになった。輸送費が上がったことなどを理由に、取引先が出荷価格を下げるよう伏田に求めてきたからだ。「売るメリットがなくなった」。伏田はそう考え、このルートでの輸出をやめた。

二年目は、別の商社を使ってミズナをタイに輸出した。ＪＧＡＰを取得していることが評価されたからで、価格も国内向けより高かった。

難点は、販売の拡大を見込めない点にあった。現地での売り先は、日本の青果物を扱う卸売市場。品ぞろえをとりあえず増やすのが狙いで、発注はごくわずかだった。伏田の売り上げは約三十万円にとどまった。

三年目には日本食品のアジア向け輸出を手がける商社との取引が始まり、一気に拡大した。輸出先はタイとシンガポールで、品目はコマツナとミズナ、ホウレンソウ。年間の売上高が三百万円を超えるとの手応えを得た。

この商社が狙っているのは現地の富裕層ではなく、「アッパーミドル」のマーケットだ。いわゆる上位中間層で比較的年収が高く、生活に余裕がある層を指す。伏田が国内でターゲットにしている層と共通しており、市場の広がりが期待できる。出荷価格は、国内向けに販売しているのと同じ水準だ。

一年目と二年目のルートが航空便を使っていたのに対し、三年目のルートは船便で相手国まで運んでいる。燃料費の上昇で空路も海路も輸送コストが上がっていたが、両者を比べれば海路のほうが安い。

問題は現地に着くまでに長い時間がかかる点にある。野菜が農場を出てから、輸出の手続きを経て、現地に着くまでに三〜四週間かかった。その分、品質が低下する恐れがある。そこでいかに鮮度を保つかが重要になる。

これが取引を始める際の決め手になった。伏田が冷蔵庫の壁に貼っているシステムと同じものを、この商社も海上輸送のコンテナに導入しているのだ。両者の間をつないでくれたのは、システムを開発したメーカーだ。

商社の担当者は「ほかから仕入れた野菜は現地に着くまでに傷んでしまうことがある」と話したという。これに対し、伏田が出荷する野菜は新鮮な状態を保ったままで現地に着き、店頭に並べることができる。

伏田は「輸出のために特別なことはやっていない」と話す。強みになったのは、国内で売り上げを増やすために工夫を重ねてきた手法だ。

出荷価格もこれに関連している。担当者は伏田に「農家の多くは国内より高く売れると期待しがちだ」と話したという。海外で破格の高値で売れたことを伝える報道などの影響だろう。日本産の品質は一定の評価を得ているだろうが、だから高値で売れて当然と考えるのは根拠の乏しい期待だ。

一方、「同じ価格で出荷できるなら、売り先が国内か海外かはとくに気にしない」というのが伏田のスタンスだ。その値段で十分に利益が出るからだ。重視するのは販売拡大の可能性。商社はこうした姿勢を評価した。

ここまでで重要なのは、商社が伏田の野菜を扱うのは有機栽培であることが理由ではなく、現地まで鮮度を保てる面を評価したからだ。そして伏田は有機であることがいずれアジア向けの輸出で強みになるとにらみ、「これからは国内より海外を優先することもあり得る」と話す。

RPGでラスボスを二度倒す感覚

いまは「日本産」であるだけで十分強みになっている。だが現地の所得が増えれば、食の安全・安心や環境問題への関心が高まり、有機野菜への需要が増えると伏田は予想する。そのとき「うちの優位性がより明確になる」。

経済成長が鈍ったままの日本と違い、アジア各国は成長が続いている。国際通貨基金（ＩＭＦ）の予測では、二〇二〇年の日本の一人当たり国内総生産（ＧＤＰ）はタイの五・六倍だが、二〇二七年には四倍に差が縮まる。

同じ期間に、インドネシアは十倍から六・四倍に差が縮小する見通しだ。そこで伏田は現地を視察し、輸出の可能性を探ろうと考えている。ちなみに、シンガポールはもともと一人当たりＧＤＰが日本より多く、二〇二〇年時点で日本の一・五倍。その差はますます広がると予測されている。

成長率が大幅に上向く可能性が小さく、しかも人口が減り続けている日本市場だけを狙っていたのでは、思うように売り上げを増やすのは難しい。伏田はそう判断し、輸出をテコに事業を拡大しようと考え始めた。

その際カギを握るのが、病害虫対策だ。有機栽培は農薬を使わないので、病害虫のリスクが格段に大きい。せっかく輸出に弾みがついても、もし検疫の手続きでそれが見つかれば、一気にブレーキがかかるだろう。伏田は「病害虫に相当気をつかっていないと、輸出を増やすのは難しい」と話す。

その点、伏田は研究機関と組み、病害虫対策を徹底してきた。少ない品目で利益を出すには、栽培に失敗しないことが絶対条件だからだ。

例えば、栽培ハウスの周りの地面に防草シートを張る。さらにハウスの側面のビニールと防草シートを隙間なくきっちりつなぎ、雑草の種や虫が入るのを防ぐ。伏田は「病害虫の主な発生原因は周りの草」と強調する。ハウスのなかに雑草が生えなければその分、手間が減って効率が高まる。

アブラムシの対策で天敵昆虫も導入している。ハチの一種で、アブラムシに寄生して繁殖を防ぐタイプだ。防除を完璧なものにするため、ハウス内のどこにいつ、どれだけ入れるべきか試行錯誤を重ねてきた。

栽培環境を整える以前に、気をつかっている点もある。品種の選定だ。同じ作物でも生育が速かったり、収量が多かったりするなど、品種によって様々な特徴がある。研究機関の助言をもとに伏田が優先するのは、病気への耐性だ。

国内が難しいので、やむなく輸出するわけではない。国内でも需要が増え、スーパーなどに高めの価格を提示しても、交渉がすんなり進むことが増えている。伏田は「マーケットの拡大ペースは驚くほどだ」と指摘する。

その背景に、みどりの食料システム戦略があると見る。農水省が環境調和型の農業を目指す姿勢を鮮明にしたことで、小売店も積極的になったと考えている。

それでも視線は海外に向く。もし必要なら、国内向けを若干抑えることもあり得るという。

「海外市場のポテンシャルは大きい。チャンスを逃したくない」と考えるからだ。ではどれだけ売り上げを増やせるのか。そう聞くと、「まあ四億円くらいは行くんじゃないですか」とさらりと答えた。

有機栽培はライバルが少ないからこそ可能性があると考え、品目を絞って効率を追求した。その要にあるのが、鮮度保持と病害虫対策の技術だ。そこで積み上げたノウハウは、まっすぐ海外市場につながっていた。

最後は伏田の刺激的な言葉で締めくくろう。「ロールプレイングゲームでラスボスを一回倒し、いま二回目をやっているような感じだ」

6 ＪＡが歩んだエコ農業の四十年

顔の見える農産物と産地ブランド

国内で賛否ともにあるにせよ、農薬と化学肥料を減らすことは国際的な流れであり、日本がその埒外にい続けることはできない。この難題に対応するには、行政や研究機関、個々の農場の努力が不可欠だが、忘れてはならない大事なことがある。農協が正面から課題に向き合うことだ。

農協に対する批判の一つに、「生産者の顔が見えにくい」というものがある。栽培の腕と作物の品質は農家によって違いがある。農協はそんな努力の差を反映させず、産地銘柄として販売する。だいたいこんな趣旨だ。

実際には作物ごとに規格があり、農家の収入にはそれなりに差が出る。ただし、個々の農家の名前を前面に出して販売することはほとんどない。それが嫌で、自分の力を試してみたい農家は農協と距離を置く。

こんな文脈で「自分で売ること」がよく推奨される。そうした「顔の見える農産物」もブランドと言っていいだろうが、現実に消費者が思い浮かべるのはふつうもっと別のものだ。その多くは「魚沼産コシヒカリ」「長野の高原レタス」「青森のリンゴ」「松阪牛」など地名とセットになっている。

これは、気候や風土に左右される一次産業にとって本質的なことだ。施設環境をコントロールする工場型の農業生産を別にすれば、農業は程度の差こそあれ、土地の特色と結びついている。同じ土地でみんなが共通のやり方で育て、品質を高める。その結果、ブランドとして広く知ってもらうことが可能になる。それを個々の農家の埋没と考える人がいるかもしれないが、農産物のブランドは多くの場合、そうやって形成されてきた。

農水省の「みどり戦略」がうまくいくかどうかも、おそらくそこにかかっている。個々の農家の工夫や努力だけに委ねず、地域が一緒になって減化学肥料や減農薬、さらには有機農業を実現できる仕組みをいかにつくるか。産地ブランドの育成と同様、農協の果たすべき役割は極めて大きい。

一九八八年に誕生したコメの新流通

一九八八年十月八日付の「日本経済新聞」夕刊に、新しいコメの流通が誕生したことを告げる一本の記事が載った。見出しは「静かな人気『特別栽培米』――『安全で美味追求』」。そのなかから一部を抜粋しよう。

「JR新潟駅から車で東に約四十分。静かな田園風景が広がる北蒲原郡笹神村の農家、長川晴司さん（五二）方二階の〝モミ蔵〟には、刈り入れをすませたばかりの稲が出荷を待っている。東京・小金井市の北多摩生活協同組合（塚田綾南理事長）との契約で作った有機・低農薬米だ」

「長川さんなど十戸の農家と特別栽培米の生産委託契約を結んだ。合計、三・六ヘクタールの田でコシヒカリを栽培、十九トンの収穫を見込んでいる。除草剤を田植え後に一回まくほかは農薬は使わない。生協と生産者が除草剤の成分や牛堆肥、なたね粕などを投入する有機肥料について相談しながら米作りを進めてきた。収穫した稲は六十キログラム当たり二万六千円で生協が買い取るほか、輸送から精米、袋詰めなどの費用も生協が負担する」

記事にある「十戸の農家」はいずれも笹岡農業協同組合（ＪＡささかみを経て現在はＪＡ新潟かがやき）の組合員で、北多摩生活協同組合は首都圏生活協同組合事業連絡会議（現パルシステム生活協同組合連合会）のグループ生協だ。複数の農家がまとまって減農薬のコメづくりに挑戦し、消費者と直接結びつく取り組みは当時はまだ珍しく、全国的に注目を集めた。

戦中の統制経済に端を発する旧食糧管理制度のもとにあった一九八〇年代は現在とは違い、自由なコメの流通が認められていなかった。その例外として、八七年に始まったのが「特別栽培米制度」だ。流通ルートと取扱業者を限定していた食管制度の枠外で、特栽米なら産地から消費者に直接コメを売ることができた。「安心して食べられるコメ」を求める消費者のニーズに応えるには、産直の流通を認めるべきだという政策判断が働いた。

念のために触れておくと、ここでいう特別栽培はいまとは意味が異なる。現在では農水省によって「地域の慣行レベルに比べ、節減対象農薬の使用回数が五〇％以下、化学肥料の窒素成分量が五〇％以下で栽培された農産物」と定義されている。当時は農薬や化学肥料の使用量に関して明確な基準はなく、無農薬から減農薬、減化学肥料の栽培を幅広く含んでいた。

農協と生協が産直でタッグ

新しい時代を開く挑戦の多くがそうだが、「十戸の農家」から始まった笹岡農協の挑戦も、実現までにはかなりの準備期間があった。

『パルとの産直・交流事業の四十年史』(NPO法人食農ネットささかみ、二〇二一年)を参考にしながら、歩みをたどってみよう。

首都圏生協事業連絡会議と笹岡農協の取り組みの発端は、一九八一年にさかのぼる。この年、新潟のコシヒカリ産地とつながりを持ちたいと考えた連絡会議の代表が、県内の三つの農協を訪れた。このうち、生協との連携に前向きな姿勢を示したのが、笹岡農協だった。連絡会議の代表と笹岡農協の組合長は、食の安全や環境問題に対する考え方で意気投合したという。

前述のように、当時のルールでは表向き、生協の組合員にコメをじかに売ることはできない。ところが笹岡農協や生協の関係者は新潟県経済農業協同組合連合会(現JA全農にいがた)とかけあい、特例的に産直を認めるよう迫った。この交渉が実を結び、一九八二年から産直によるコメの取引が動き始めたが、他の農協の反発にあってわずか二年で中止になった。

特筆すべきは、もともと目的にしていた産直が暗礁に乗り上げても、農協と生協が連携を終わりにしなかった点だ。北多摩生協などの役員が農協の理事の家に泊まりに行ったり、生協の組合員が産地を訪ねるサマーキャンプを実施したりするなど、親睦イベントを企画して交流を深めていった。

その後の展開を考えるうえで、この経緯は重要な意味を持つ。生協側はたんに新潟のコメを直接買いたかったわけではない。産地と消費地を結びつけ、じかにコミュニケーションができる関係を築きたかったのだ。

そして一九八七年に特別栽培制度ができると、翌八八年に満を持してコメの産直取引をスタートさせた。参加したのは、北多摩生協など六つの生協だ。そのときの様子を知ると、減農薬を推進するうえで消費者と生産者が交流し、消費者が生産現場を知ることがいかに大切かがよくわかる。

再び一九八八年十月八日の日本経済新聞の記事をふり返ってみよう。「『安全なお米、おいしいお米を食べようと努力してきた結果、生産者の〝顔が見える〟特別栽培米にたどりついた』と話すのは同生協の塚田理事長だ。田植えや刈り取りを手伝うなど交流会も活発で、そこから『除草の大変さを知り、口先で完全無農薬を要求することの難しさにも気づいた』という」

環境調和でコメの値段に差

北多摩生協の理事長の言葉が示すように、病害虫のリスクにさらされる減農薬は農家にとって負担になる。収量が減る恐れがあるからだ。それを承知のうえで、農家に減農薬を求めるのは簡単なことではない。

このとき笹岡農協は作付け前に農家を集め、七回にわたって座談会を開き、将来をみすえて消費者のニーズに応えるべきだと説いた。減農薬に挑戦する意義を理解してもらうには、膝詰めの議論が必要だった。

生協の組合員たちが田植えや稲刈りを手伝ってくれたことで、消費者と交流する喜びを生産者たちは知った。だがそれは営農の励みにはなっても、経済的な支えにはならない。とくに当時は食管制度で政府が定める米価があったので、農家の一番の関心は収量の変動にあった。

ここで関係者はいまにつながる大きな一歩を踏み出した。農家の減収を補塡する方法を考えたのだ。北多摩生協が立ち上げた基金に、農協や生産者も拠出し、減収をカバーする制度をつくった。十アール当たりの収量が基準値を六十キログラム以上下回ったら、基金を取り崩す仕組みだった。実際にはそうした事態にはいたらなかったが、農家には安心材料になっただろう。

一九八八年に笹岡農協や北多摩生協などの間で始まったこうした取り組みは、組織の統合や再編を通してJAささかみ（現JA新潟かがやき）とパルシステムの関係に形を変え、規模を大きくしてその後も続いた。当初と変わらず、いまも重要なのは、生産者の努力に経済的にどうやって応えるかだ。

ここで用語を整理しておこう。無農薬や減農薬で栽培したコメを、ＪＡささかみは三つに分類している。「有機栽培」「特別栽培」「あたり米」の三つだ。有機栽培は一般の定義と同じで無農薬で無化学肥料。特別栽培は農薬が七割減で、化学肥料が九割減。あたり米は両者を五割ずつ減らす。

では値段はどれだけ違うのだろうか。二〇二一年産の六十キロ当たりの農家の収入を、慣行で育てたコシヒカリの一等米と比べると、あたり米は千二百円、特別栽培は四千円、有機栽培は一万四千二百円多い。金額が違うのは、栽培方法に応じてＪＡささかみが決める仮渡金（概算金）に違いがあるうえ、パルシステムが有機栽培にとくに手厚く加算金を出しているからだ。

かつてこの取り組みを始めたとき、農協と生協は「二つのエゴ」をなくすことで一致したという。安全でおいしいコメを安く買いたいという消費者のエゴと、つくりやすいものを高く売りたいという生産者のエゴだ。二つのエゴを解消するには、生産者は栽培にリスクが伴う減農薬や無農薬に挑み、消費者は生産者の努力に価格で応えるしかない。両者はそれを実践し続けた。

有機の拡大でぶつかった壁

ここまででわかるように、有機栽培や特別栽培を柱とするＪＡささかみの産地づくりは、パルシステムという安定的な売り先があることで長年続いてきた。マーケットインの農産物生産のモデルケースと言っていい。

特筆すべき点は他にもある。化学肥料に代わり、田んぼに投入する有機肥料を確保するためのＪＡささかみの取り組みだ。地域の酪農家から牛の排泄物、稲作農家からはモミ殻を集め、農協が運営する大型の施設で堆肥をつくっているのだ。管内の農業法人に作業委託し、その堆肥を田んぼに入れることで、化学肥料に頼らない稲作の仕組みを時間をかけてつくり上げた。

だが一方で、この取り組みは有機農業の難しさも示している。

栽培面積を見れば明らかだ。二〇二一年の面積は有機栽培と特別栽培、あたり米の三つを合わせて八百四十ヘクタールで、稲作の約六割を占める。環境調和型の農業としては、全国的に見ても有数の規模と言えるだろう。

ところが三つのうち、特別は四百六十三ヘクタール、あたり米は三百六十ヘクタールなのに対し、有機は十七ヘクタールにとどまっている。

金額面で見ればほかの栽培方法と比べ、有機栽培に対してずっと多い購入価格を約束している。それでも思うほど作付けが広がっていないのは、農家にとってそれだけ手間もコストもかかる栽培方法だからだ。ＪＡささかみの農家も、雑草が生えるのを防ぐ紙マルチなど有機で有効とされる資材を使ってはいるが、面積を広げるのは簡単なことではない。

しかもＪＡささかみの担当者によると、特別栽培でさえこれ以上大きく増やすのは難しくなってきているという。他の地域と同様、ここでも高齢農家の引退が加速し、担い手に農地が集まり始めているからだ。

少ない人数で広い面積をこなそうと思うと、手間のかかる有機栽培のハードルはより高まる。そして特別栽培も思うように拡大しにくくなってきた。これに対し、あたり米なら大きく広げる余地がある。他の地域でいう特別栽培だ。

みどり戦略について農水省に取材したとき、「稲作では有機の技術がすでに確立している」という答えが返ってきたことがある。

ある限られた面積でなら、無農薬によるコメづくりを長年続けている農場は確かにある。ＪＡささかみもその一例だ。だが、それを全国で本格的に広げることのできる技術は、本当に確立できているのだろうか。

もっと手軽に無農薬を可能にする実用的な技術を開発し、栽培暦を地域の実情に応じてつくるなど、行政の後押しでできることはたくさんある。それを前提にしたうえで、ＪＡささかみとパルシステムの三十年余りの取り組みが我々に示すメッセージを大切にすべきだと思う。有機栽培と特別栽培との間で、難易度に大きな差があるという点だ。

特別栽培へ消費者の理解を

本章では有機栽培に取り組んでいる現場を、市民グループに支えられるＣＳＡやボランティアが手伝う農場から説き起こした。そこからさらに歩を進め、ビジネスとしての側面をより強く持つ農場を取り上げた。収益をきちんと確保するモデルがないと、有機は広まらないと考えるからだ。

ＪＡささかみとパルシステムの共同事業は、先行事例のなかでもとりわけ大規模な部類に入る。その検証を通して、論点はもう一度ふり出しに戻った。取り組みを支えているのは、環境調和型農業への消費者の共感であり、「安いほどいい」という消費行動とは一線を画すことで成り立っているという点だ。ＣＳＡと同じ発想を基盤にしているのだ。

みどり戦略の今後の展開のなかでは、環境調和に資する栽培を実践する農家を補助金で直接支援すべきだという意見も出てくるだろう。その選択肢をはじめから排除すべきではないし、何らかの仕組みが要る可能性もある。

もしその結果、慣行栽培と有機栽培の間で値段にほとんど差がなくなれば、消費者は有機農産物を優先的に手にとるようになるかもしれない。有機栽培の振興にとって確実に追い風になる。ではそのやり方は、ルールに従って農薬を適正に使っている生産者に対してフェアなものなのだろうか。

この難題を解くうえで重要になるのが、社会のコンセンサスだ。多少値段に差があっても消費者が有機農産物を選ぶのなら、政府が補助金を使って強引に誘導するのと比べてずっと健全だ。市場原理という様々な反応を呼び起こす言葉とは違う意味で、今後も食料生産のあり方にマーケットが影響を与え続ける。

新型コロナで存在感を増した「応援消費」の文脈で考えれば理解しやすいかもしれない。コロナで多くの生産者が売り先に困ったとき、「彼らを応援したい」という動機で農産物を購入した消費者がたくさんいた。とくに存在感を示したのが、ネットで生産者と消費者を直接つなぐ産直サイトだ。

「お金を払って食べ物を買う」という意味では従来の消費と同じだが、商品の価値だけでなく、「頑張っている農家を助けたい」という気持ちが購買動機につながっている点に特徴があった。ただし商品の価値以外の何かを頼りにものを買い続けるには、消費者が納得できる理由がいる。

改めて考えるべきなのは、「本当は有機をどこまで増やすべきなのか」という点だ。農水省は「有機だけに注目してほしくない」と感じているのかもしれないが、KPIを掲げた以上、行政としての責任が発生する。そしてみどり戦略には、「なぜ有機を四分の一に広げるべきなのか」を突っ込んで話し合った形跡が見られない。確認できるのは、「欧州の目標と同じ」という点だけだ。国際競争に背を向けないためという理屈は成り立つのかもしれないが、ルールは誰がつくるべきなのか。それを欧州に委ねればいいのか。

ＪＡささかみの取り組みが示すように、地域を挙げて環境調和型の農業の実現を目指しても、すべてを有機栽培にするのはかなりの難事業になる。ここでシンプルな疑問が浮かぶ。なぜ特別栽培ではいけないのか。

有機への挑戦は環境調和とビジネスの両面で意義がある。だが気候が温暖で湿潤な日本で、無農薬を実現するのは欧州と比べてずっと難しい。もし地球環境問題への対応が目的なら、農薬を使うか使わないかというゼロサムの議論ではなく、その中間を探るのも有効なはずだ。

その点に関し、みどり戦略は有機農業の拡大だけでなく、農薬を五〇％、化学肥料を三〇％減らす目標も掲げている。減農薬や減化学肥料にも十分意義はあるからだ。問題は、それをマーケットが正当に評価する仕組みがない点にある。有機と比べ、特栽は価格面などで評価されにくいのだ。カギをにぎるのは、やはり社会のコンセンサスだ。

消費構造をどう変えたらいいのか。農水省は温室効果ガスの削減効果を栽培方法で算定し、農産物にラベルを貼る取り組みを始めている。「有機かそうでないか」の二者択一ではなく、地球環境問題との関係で消費者に多様な判断基準を示す。それが、みどり戦略を実のあるものにするうえで最も重要なことではないだろうか。

第5章

巨大自然災害との戦い

不連続と闘う農

1 災害で発揮するＪＡの機動力

農業白書に見る自然災害の頻発状況

台風をはじめとした巨大な自然災害で、農業が深刻な被害を受けることが増えている。災害にどう対応するかは、営農を大きく左右する。

農家やバイヤーなどの間では、もう十年以上前から「毎年が異常気象」と言われていた。作物に向き合う人の肌感覚とも言うべきものだ。だが農政が認識するようになったのは、わずか数年前のことだ。

農水省が毎年まとめる『食料・農業・農村の動向（農業白書）』を見ると、その変化がわかる。例えば二〇一五～一七年度までは、東日本大震災や熊本地震からの復旧・復興に関する章はあったが、自然災害を広く扱う章は設けていなかった。震災は農業と農政にとって言うまでもなく重大なテーマだが、農業関係者の多くが現場で感じている災害リスクはもっと幅広い。

二〇一八年度の白書で潮目が変わった。震災からの復旧とは別に、「平成三十年度に多発した自然災害からの復旧・復興」という特集を約二十ページにわたって組み、このテーマを正面から取り上げた。「全国で農林水産業に五千六百七十九億円の甚大な被害が発生し、東日本大震災（二兆三千八百四十一億円）のあった平成二十三年を除くと過去十年で最大となりました」という一文が、被害の深刻さを示す。

とくに被害額が大きかったのは七月の集中豪雨で、三千三百六億円に達した。西日本を中心に全国的に広い範囲で記録的な大雨になり、場所によっては七月の平年降水量の二倍から四倍の降雨となった。農業はその影響をまともに受け、愛媛県では樹園地が崩落し、農業用のモノレールが損傷し、岡山県や広島県ではコメや麦、大豆などが冠水や土砂の流入で被害を受けた。九月四日に徳島県や兵庫県に上陸した台風二十一号では、四国から北海道にかけて農作物に塩害が発生し、農業用ハウスが損壊した。九月三十日に和歌山県に上陸した台風二十四号は猛烈な風や高潮で、果樹の落果や枝折れなどの被害が出た。特集は、農水省の職員の派遣など人的支援の内容や災害査定の効率化、共済金の早期支払いなどを取り上げている。

翌年以降は、「災害からの復旧・復興と防災・減災、国土強靱化等」という章を新たに設け、東日本大震災からの復興を含めて自然災害を広く記録にとどめる姿勢を鮮明にした。それを見ると、年によって多少の上下はあっても、災害の頻度が高まり、より大きくなっていることがわかる。

例えば、二〇一九年度の白書にある「過去十年の農林水産関係被害額」によると、一〇年の九百三十三億円から一九年は四千八百八十三億円まで増えた。一八年に続き、「過去十年で最大級」の被害額だ。毎年の額が棒グラフで表示されており、被害が増加トレンドにあることがはっきり見て取れる。

二〇二〇年度の白書にある「一時間降水量八十ミリ以上の年間発生回数」も興味深い。八十ミリ以上は「猛烈な雨」を指す。それによると、一九八一～九〇年が平均十六回だったのに対し、九一～二〇〇〇年は十七回、〇一～一〇年は二十一回、そして一一～二〇年は二十六回に達した。

たとえ一～二年大きな災害がなくても、次の年は深刻な被害が起きる可能性は十分にある。関係者はそう認識し、対応を考える必要がある。

ＪＡグループの広域ネットワーク

ここまで、自然災害による一次産業の被害がいかに深刻になっているのかを、『農業白書』をもとに確認してきた。では農業の現場では具体的にどんなことが起きているのか。農業者たちは営農を襲った巨大な災厄をどうやって乗り越えているのか。まずはＪＡグループの取り組みを点検してみよう。

熊本地震で被災し、寸断されていた国道五十七号の北側の復旧ルートが、二〇二〇年十月三日に完成した。国道五十七号は熊本市から大分市まで延びる道路だ。斜面の崩落で土砂に埋まり、一部が通行できなくなっていた。当時は新型コロナで観光が深刻な打撃を受けていた時期。国道は阿蘇地域を通っており、復旧が観光振興の一助になることへの期待が高まっていた。

大型台風や集中豪雨など、日本各地を毎年のように災害が襲っている。ある地域で起きた災害は、離れた地域の人にとっては時間の経過に伴い、ともすると印象が薄れがちになる。そして復旧は往々にして長い時間を要する。国道五十七号の復旧は、二〇一六年四月の地震発生から四年半を経て実現した。地元の人々にとって、被害はこの間ずっと目の前にある現実だった。

一次産業は、その営みが自然とともにあるだけに、とくに災害の影響を受けやすい状況にある。ただし、全国的には頻発しているとはいえ、各地域で毎年起きるわけではない。だからこそ、災害にどう備え、被害を受けた後にどう復旧するかといったノウハウを蓄積し、共有することが必要になってくる。

それはＪＡグループに期待される重要な役割だ。実際に災害が起きたとき、壊れた施設を解体し、撤去し、出荷のメドがたたない作物を廃棄するなど、膨大な作業が必要になる。それを被災した地域の人だけでやるのは至難の業だ。その点、ＪＡグループは地域ごとの組織と全国組織をともに持つ。この重層構造のマンパワーが、巨大災害が襲ったときに力を発揮する。

熊本と千葉のケースからその意義を考えてみたい。

熊本地震で延べ五千人の復旧支援

熊本地震は二〇一六年四月十四日の夜以降に複数回に分けて発生した。九州地方で初めて震度七の揺れを観測したこの地震で、農林水産関係の被害は一千八百二十六億円に達した。とくに被害が大きかったのが畜産関係で、畜舎や飼料タンクの損壊による被害額は四百五十七億円にのぼった。野菜や花、果樹の栽培ハウスなどの被害は三十六億円で、機械の損壊は四十七億円。選果場などの共同利用施設も壊れるなど、被害は多岐にわたった。

被災地を支援するため、ＪＡグループが体制を整えたのが翌十五日。ＪＡ熊本中央会やＪＡ熊本経済連など八団体が「ＪＡグループ熊本　平成二十八年熊本地震災害対策本部」を設置した。県内の農家や農協の被害状況の確認を急ぐとともに、災害復旧に関する公的な財政措置の拡充や、復旧に向けた農家の負担軽減策を国に働きかけることを申し合わせた。

県内を含め、各地から熊本に向かったＪＡグループの支援隊は、延べ五千四十七人。壊れたハウスを片づけ、倒れた牛舎から牛を救出するなど、手分けをして作業にあたった。水や食料品、生活用水など各地から送られてきた支援物資の受け付けと、各農協への運搬、農家への供給なども円滑に進んだ。ただちに対策本部を立ち上げていたおかげだ。

復興支援のために全国規模で募金も集めた。「熊本地震ＪＡグループ支援募金」の名称で、七月二十二日に三億一千七百万円を送金した。都内のＪＡビルにある農業・農村ギャラリー「ミノーレ」では「熊本応援まるしぇ」を三回に分けて開き、熊本県の農産品をＰＲした。東京から発信することで、広く消費者に支援を呼びかける狙いがあった。

一連の取り組みのなかでとくに有意義だったのが人的な支援だ。施設の再建などに要する資金的なサポートは主に国や自治体の役割で、農業には手厚い助成策が用意されている。

これに対し、無償で実施する支援隊の迅速な派遣は、行政や業者ではやりにくい仕事だ。そこにＪＡグループの存在意義もある。

ハウスの解体作業などは、専門の業者に比べてノウハウは少ないかもしれない。だが少なくとも、職員のなかにはハウスの構造や作物の栽培技術、家畜の生態について一定の知識を持っている人がいる。そうしたスタッフを一千人規模ですぐさま派遣できることは、農業団体だから可能なことだろう。

粉々のガラスの破片が散乱した

次の事例は、二〇一九年に千葉県に大きな被害をもたらした台風十五号だ。災害の一年後に全国農業協同組合連合会の千葉県本部（ＪＡ全農ちば）に聞くと、ＪＡグループが再建を受注したハウスのうち、七割強はすでに工事が完了していた。ただし、再建そのものを諦めた農家もなかにはいた。

被害の現場は当時、どんな状況だったのか。それを確かめるため、被災地を訪ねて生産者の話を聞いてみた。安房農業協同組合（ＪＡ安房、館山市）の管内にあり、花やビワの産地として知られる南房総市だ。

台風が襲ったのは九月九日未明。ベテランのカーネーション農家に話を聞くと、「家にいても怖い」と思うほどの強風が吹き荒れた。風が収まってから見に行くと、信じがたい光景が目の前にあった。約一千六百平方メートルあるガラス温室の壁面や天井のほとんどが強風で割れていた。これまでも台風でごく一部が割れることはあったが、大半が割れたのは初めてだった。

破片の間からのぞいていたのは、ようやく育ち始めたばかりの苗だった。「はじめはびっくりして放心状態になり、そのうちなぜか顔だけが笑っていた」。手の打ちようがないと悟った瞬間に思わず浮かんだ表情だった。

破片などで傷ついていない苗を選び、育てることが不可能なわけではない。だがそのためには、間に散らばった細かい破片を取り除くことが必要だった。その困難さは、想像すればすぐにわかる。保温効果を失ったハウスで、冬を越して育てる難しさも頭をよぎった。「もう無理だ」と判断した。

この農家はその後、割れたガラスをフィルムに張り替え、営農を再開した。フィルムならたとえ風で破れてもガラスのように散乱せず、片づける手間がはるかに少なくてすむ。しかも張り直すのも簡単。以前と比べ、太陽光の透過性に関してフィルムの性質が高まっている点も決断を促した。

ビワを守る防風林も倒された

南房総市の特産品であるビワも甚大な被害を受けた。ビワの場合、山のなかで栽培していることがより事態を深刻にした。ビワ農家の一人に話を聞くと、倒れた木で山道が阻まれ、被害を確かめに行くことさえ難しかった。道を覆う倒木の先にあるビワ園のことを思うと、不安がこみ上げてきたという。

日がたつにつれ、状況がわかってきた。驚いたことに、ビワを守るはずの防風林が風でなぎ倒されていた。経験したことのない事態だった。守ってくれるはずの木を失ったビワが、風をまともに受けて大量に倒れていた。

防風林の下敷きになって折れたビワの木もあった。何とか持ち直せそうな木はワイヤで引っ張って直立にした。そのまま持ち直してくれと願った。だがその多くは、翌十月の台風十九号で反対側に倒された。この農家は「こんなことになるなら、起こさなければ良かったと思った」と言う。

農家の案内で現場を訪ねると、山道の脇の斜面に一メートルほどの長さに切った木の幹が何本も立てかけてあった。マテバシイという名のブナ科の常緑樹だ。一年前まで防風林に植えられていたものだ。山道の行き止まりに着き、農家が指さすほうを見ると、土がむき出しの数メートルの斜面があった。台風前、そこにビワの木が立っていた。腰の高さで切った株もあった。

この農家は五百本ほどあったビワの木のうち、百本以上を倒された。国の補助を活用し、ビワを植え直したいと思っているが、念頭にあるのは十本程度。収穫できるようになるまで五〜七年かかるうえ、栽培に多大な手間がかかる果樹のなかでもとりわけ労働集約的な品種だからだ。ビワと並行して栽培してきたアイリスなどの花にもっと力を入れたいとのことだった。

千葉県は長崎県に次ぐ有力なビワの産地だ。だが二〇一八年の出荷量は四百二十七トンと、ピークの一九七九年の五分の一に縮小した。背景にあるのは、生産者の高齢化と人手不足。農業に共通の事情ではあるが、厳しさがとりわけ際立つ。奮闘している若手農家もいるが、産地の未来は予断を許さない。

巨大台風の被害は、苦境の進行に拍車をかけかねない。

「がんばって続けたい」と支援に感謝

千葉県全体で見ると、被害はどれだけだったのか。二〇〇三年三月に県がまとめた最終報告によると、農林水産業の被害は六百六十五億円。最も大きいのは栽培ハウスなどの施設の損壊で、四百八十七億円に達した。農作物の被害は百九億円で、畜産関連は十億円。被災地は県内各地に広がっている。

このときもＪＡグループの支援隊が復旧に全力を挙げた。千葉県内だけでなく、各地から集まった人数は延べ二千七百五十二人。派遣先を農協別に見ると、花やビワが被害を受けたＪＡ安房が六百三十七人で最も多く、そのほかＪＡかとり、ＪＡ千葉みらい、ＪＡきみつなども支援の対象になった。

ＪＡグループがまとめた報告書は、これから起きる災害の支援で押さえておくべきポイントを教えてくれる貴重な資料だ。

作物の栽培には季節性がある。できるだけ早く新たな作付けに移れるようにするため、壊れたハウスなどの撤去は急を要した。だが台風十五号の直後はまだ暑さが厳しく、炎天下での作業になった。報告書には「熱中症や脱水症状の恐れあり」「こまめに水分補給」などの言葉が並んでいる。

一方、ガラスの破片や折れたパイプで、ちょっと気を緩めれば作業中に大きなケガをするリスクもある。それを防ぐには、たとえ暑いなかでも長袖が必須であることを確認した。そもそもハウスの解体は危険な作業なので、経験者が参加することが欠かせないこともわかった。腰をかがめた長時間の作業も多いので、椅子があったほうが便利なことにも気づいた。

報告書は支援を受けた農家の肉声も伝えている。「収入的に厳しい」「設備投資をしたばかりだったので残念」。被害への悔しさがにじむ言葉だ。同時に「老夫婦では作業が進まなかった。助かりました」といった感謝の言葉も並ぶ。「栽培をやめることも考えたが、がんばって続けようという気持ちになった」というトマト農家の言葉もあった。支援の励みになる言葉だろう。

ここで、千葉県外から支援に来た人の地域別の内訳に触れておこう。支援隊の二千七百五十二人のうち、他の地域や全国組織から来た人は一千九十八人。東北から九州まで幅広い地域から農協の職員が集まったが、そのうち最も多いのは熊本県で百六十人。地震のときの支援を踏まえ、大勢の人がかけつけてくれた。

これらはＪＡグループの支援が被災地の復旧に一定の役に立っていることを示すデータだろう。もし支援が形式的なものにとどまり、被災地の農家から感謝を持って受け止められていないなら、支援の連鎖は起きないからだ。二〇一一年三月の東日本大震災で被災した福島から来た人も五十六人いた。

離れた地域の被害は、ときの流れとともに印象が薄れがちだと先に書いた。だが助けてもらった当事者は、被災後も長く続く復興のプロセスのなかで、そのことを折に触れて思い出す。それが別の被災地の支援につながる。

「飲み水がない」SOSに応えた他地域

二〇一九年の台風十五号への対応は、別の形でもJAグループに成果を残した。この台風に関連する話をもう少し続けたい。

必要な物資を被災地に送るため、募金を積み立てておく仕組みが、このときできた。積立金の名称は「災害支援対策準備金」。千葉県農協青年部協議会が二〇二〇年四月につくった制度で、募金を出した人を含めて関係するメンバーを「Ｂｏｎｄｓネットワーク」と呼んでいる。英語で「絆」の意味だ。

青年部は各農協に加入している四十代までの農家の集まりで、協議会はその上部団体に当たる。Ｂｏｎｄｓネットワークは、この年の四月まで協議会の委員長を務めていた稲垣健太郎の発案でできた。稲垣は以前から構想を温めていたが、台風十五号をきっかけに実現を急ぐべきだと判断した。

台風の直後、稲垣は県内各地の青年部と連絡をとろうとした。だが被害が深刻な地域は、停電でスマホが充電できなかったり、携帯電話の基地局が機能しなくなったりして、状況をつかむことが難しかった。

真っ先に連絡がとれたのは、八街市の青年部員だ。「飲み水がない」。相手はそう訴えた。断水の影響で、飲用水を確保することができなくなっていたのだ。農場の復旧以前に対処すべき緊急事態だった。

苦境を知った稲垣は、関東甲信越地域の農協青年部協議会の委員長に「水を手配できませんか」とＬＩＮＥで伝えた。対応は迅速だった。群馬と神奈川の委員長がホームセンターでペットボトルの水を買い、トラックで現地へ届けてくれた。その後、他の各県も飲料やブルーシートを送ってくれた。

農協の青年部の活動なので、本来なら農家に優先的に支援物資を届けるのが筋かもしれない。だがこのときは対象を農家に限定せず、青年部のメンバーが被災地の各家庭を回って水を提供した。稲垣は「農家のためとか、そんな小さなことを言っていられる状況ではなかった」とふり返る。

被災地の支援へ募金を事前積み立て

台風十五号の経験を通し、稲垣は「いざというときにすぐ支援物資を買える資金が必要だ」との思いを強めた。災害の種類は地震や台風、豪雪など様々で、何が必要になるかを予想するのは難しい。だが、お金を積み立てておけば柔軟に対応できる。そこでつくったのが、「災害支援対策準備金」だ。

準備金は千葉県の内外で災害が起きたとき、ボランティアを派遣したり、支援物資を購入したりする費用に充てる。想定している支援物資は水やブルーシート、水を農地からくみ出すためのポンプなど。何が必要かがすぐにわからないときは、使い道は相手に任せて資金をそのまま送る。

募金は一口五百円。協力してくれた人には、ノベルティーグッズとして「千葉県農協青年部協議会〜Ｂｏｎｄｓネットワーク〜」と記したボールペンを渡す。返礼品なしに単に募金に協力してくれるようお願いする形だと、一口で五百円というまとまった金額を出してもらうのは難しいと考えた。

準備金の目標は三百万円。台風十五号や十九号などで被災した農家を中心に募金に応じてくれたことで、とりあえず百万円が集まった。

その資金を活用するタイミングはすぐに来た。二〇二〇年年七月に熊本県を中心に九州各地を襲った豪雨だ。農協青年部の全国組織の要請を受け、被害の復旧費用に充てるために十万円を送ることを決定した。

三百万円という目標額を、少ないと感じる人もいるかもしれない。だが大きな災害が起きたとき、一次産業を復旧するための支援制度は国や自治体に手厚くある。稲垣たちが目的にしているのは、公的な支援が本格的に動き出す前の緊急対応だ。だから資金使途にはボランティアの派遣も含む。

千葉県で農協青年部による準備金制度ができたことをきっかけに、ほかの地域でも同様の仕組みをつくろうという機運も出てきた。稲垣のもとに、他県の青年部協議会から「同じようなものをつくりたい」という相談が来ているという。そうした動きが全国に広がれば、災害が起きたときに農業者がお互いに助け合うためのセーフティーネットが厚みを増す。

農協は経済事業を営む組織であり、各農協は基本的に独立している。県単位で作物をブランド化すれば販売で連携することもあるが、そうでなければ農協同士は品質や収量を競い合う関係にある。健全な競争が成立することは、農業の振興にとって不可欠な要素であり、もたれ合いは禁物だ。

一方で、巨大災害が起きたとき、日ごろのライバル関係や地域の垣根を越え、人的な面や資金面で広範に連携できることは、農協という組織の存在意義の一つになる。「毎年が異常気象」と言われるなか、災害への備えと対処のノウハウを全国で共有することは、日本の農業への貢献になる。

2 強風で吹き飛んだ栽培ハウス

最初の被害はハウスの倒壊を免れた

ＪＡグループのネットワークは災害時に生かすべき農業界のインフラだが、すべての農家が農協に出荷し、農協から資材を買っているわけではない。ここからは、災害に直面した独立系の農家の逸話を掘り下げたい。

二〇二〇年三月、東京都瑞穂町で花を栽培する中村光輝を訪ねた。

二棟のハウスで育てている花は百種類以上。小さいころから花が好きだった。しかも目標は趣味で花を育てるのではなく、経営者になること。そんな中村にとって、ここは夢をかなえることができた大切な場所だ。

大学生のときも花に関する仕事に就きたいと思っていたが、卒業後はいったん電子部品の会社に就職した。担当は営業。仕事は順調だったが、「花が好き」という気持ちは変わらず、数年間勤めて会社をやめた。

中村はたんに花を観賞するのが好きだったわけではない。「種をまいたり、挿し木をしたりして、そこから花が咲くまでのストーリーを楽しむのが好き」なのだ。そんな彼が経営者になる道は、イコール就農だった。

花農家のもとで一年間研修した後、農地を探し始めた。だが自治体の窓口を訪ねても、「花は値段が安いから大変」「投資した資金の回収は難しいよ」といったつれない対応ばかり。「売り先はあるの？」と聞かれたこともある。就農するのはこれからなのに。まるで諦めさせるのが目的のようだ。

様々な課題にどう対処すべきかを助言するのが窓口の仕事ではないかと思ってしまうが、ここで中村は意外な行動に出た。売り先を見つけるのではなく、自ら花屋を開いたのだ。二〇一〇年のことだ。場所は埼玉県所沢市。店名は「みんなの花屋さん　ほのか」。ウエブサイトでの販売も始めた。

売るための花は当初、市場から仕入れていた。二年ほどで販売が軌道に乗ると、改めて農地を探し始めた。もう他人から売り先を心配してもらう必要もない。池袋で開かれていた就農フェアでたまたま東京都のブースをのぞくと、話がすんなり進み、所沢市から近い瑞穂町で農地を確保することができた。

ハウスが建ったのが二〇一三年夏。翌一四年二月に、倒壊を心配する出来事が起きた。大雪だ。ハウスのなかの栽培ベンチに乗り、天井のビニールを下から棒で押して雪を落とした。すると横に雪が高く積もり、ハウスを圧迫し始めた。今度は外に出て雪かきをした。そんな作業を夜中まで続けた。

翌朝は五時半に家を出て、ハウスに向かった。「やっと夢がかなったのに、半年でつぶれるなんて」。最悪の事態も想像したが、幸いなことに無事だった。「よかった」。安堵に包まれながら、再び雪かきを始めた。

二度目でよぎった破産の二文字

売り上げは順調に増え、二〇一七年にハウスをもう一棟建てた。その翌年の九月三十日に台風二十四号が日本に上陸し、十月一日未明にかけて東日本の太平洋側を中心に記録的な暴風が襲った。ハウスが壊れたのではないかと心配した中村は一日の朝、軽トラでハウスに向かった。ハウスに近づいたとき中村が最初に目にしたのは、すぐ横を走るＪＲの線路の上に集まった大勢の人だかりだった。「何が起きたんだろう」。事態をつかめないまま、とりあえず軽トラをハウスの横に止めた。

奇妙な光景がそこにあった。中村の表現を借りると、「ハウスがぷかぷか浮いていた」。骨組みの何本かが強風で地面から引き抜かれ、天井と側面のビニールが宙に浮く格好になっていた。ドアはどこかに消えていた。ハウスの中の水道管が破損し、水が出っぱなしになっていた。

冷静さを失わないように努めながら、どこがどれだけ壊れたのかを確かめようとした。そのときふと、より深刻なことが起きているのに気づいた。「あれ、ハウスがない」。隣のハウスが姿を消していたのだ。

ようやく何が起きたのかわかってきた。線路の上の人だかりはＪＲの職員で、風でそこまで飛ばされたハウスを撤去していた。職員によると、ハウスは送電線にひっかかった状態で発見されたという。中村がかけつけたときは、すでに線路を敷いた盛り土の斜面まで下ろされていた。

このとき頭によぎったのは、「破産」の文字だった。もしＪＲから損害賠償を請求されれば、営農を続けることはできないと覚悟した。結論から言えば、それは杞憂に終わった。倒木なども線路を塞いでおり、電車が止まった理由がハウスに限定されずにすんだのだ。

だが栽培は完全にストップした。最初に取り組んだのは、盛り土の斜面に残されたハウスを解体し、農場の敷地まで運ぶことだった。次が全壊を免れたハウスの修復だ。引き抜かれた骨組みの下にスコップで穴を掘り、もう一度土のなかに埋め直した。こうした作業に約一カ月を費やした。

ネット販売で売り上げをV字回復

ハウスを一棟失い、売り上げが急減した。妻が出産を控えて手伝えなくなったため、少し前から店も休業していた。どうすればピンチをしのぐことができるか。中村は残されたハウスで何ができるかを懸命に考えた。

「せっかくサラリーマンをやめて始めたのだから、一人でどこまでやれるのか試したい」。そう思い、いままで以上に力を入れることにしたのが、楽天やアマゾンなどでの販売だ。以前はパソコンを使っていたが、スマホならハウスで栽培をしながら出品や受注ができるからだ。

まず画面を見やすくすることに注力した。店舗では花が咲いた状態で買う人が多いのに対し、ネットでは咲く前に購入する人が少なくない。そこで出品時点の写真と花が咲いた後の写真を両方アップし、花の様子をイメージしやすいようにした。写真の印象をよくするために解像度も上げた。

ネットと店舗の客層の違いも強く意識するようになった。

店舗の場合、何を買うのか具体的には決めずに来店し、目の前に並んだ花を見比べて「きれい」と感じたものを買う人が少なくない。購入するのは、バラやパンジー、ガーベラなどよく知られた花が中心だ。

これに対し、ネットで買う人には「ガーデナー」と呼ばれるような園芸愛好家がたくさんいる。彼らは専門知識が多く、ふつうの人は知らないような花を楽しむ傾向がある。小さいハート型の葉っぱが特徴のラゴディアハスタータや、葉っぱがニンジンに似ているセセリムーンキャロットなどだ。

ネットで販売する強みは、彼らがどんな花を望んでいるかがリアルにわかる点にある。例えば、サイトのレビューに「こんな花を増やしてくれたらもっと買う」という書き込みがあった。中村はそれらの情報を参考にしながら、「売れるもの」を中心に栽培する品目を拡充していった。

こうして中村は経営を再び成長軌道に乗せた。二〇一七年の売り上げを基準にすると、一八年は約三割減り、ネット販売だけになった一九年は六割減まで落ち込んだ。ところがこれを底にV字回復をとげ、二二年は一七年と同じ水準まで戻した。ネット販売だけで比べると、二二年は一八年の三・七倍まで拡大した。この間、一九年には風で飛ばされたハウスのあった場所に以前より頑丈なハウスを建て直し、二一年にさらにハウスを新設した。

中村は子どものころから抱いていた「花が好き」と「経営者になりたい」という二つの思いを結びつけ、仕事にした。台風被害で一時、営農がストップするという困難に直面したが、需要をつかんで難局を乗り越えた。

自治体の就農窓口で「売り先はあるのか」と突き放すようなことを言われ、自ら店を開いたことでわかるように、課題から目をそらさない粘り強さが中村にはある。その原点となるエピソードを紹介しておこう。

大学時代は「人見知りというか、あまりコミュニケーションが得意でなかった」という。だが就職すると、あえて営業の世界に飛び込んだ。「どうせ社会に出るなら、苦手なことをやったほうがいい」と思ったからだ。

立て板に水で営業トークを展開するようなタイプではない。だが素早く返事をするなど相手の立場に立って丁寧に対応すれば、成功することを知った。やればやるほど成果が出た。この経験で得た自信が、農業経営者となった中村を支えている。

大雪をきっかけに農業関連ビジネスに参入

中村は二〇一四年二月の大雪で、危うくハウスが倒れそうになった。結論から言えば、このとき倒壊を免れた中村はむしろ幸運なほうで、群馬県や山梨県を中心に多くの農家が深刻な被害を受けた。農水省によると、前年の一三年十一月から始まり、一四年二月にピークを迎えた記録的な大雪で、八万五千九十四棟の農業用ハウスが損壊した。

この大雪をきっかけに、農業分野に参入した企業がある。

埼玉県羽生市の郊外にある「羽生チャレンジファーム」。二十四ヘクタールの水田を市が畑に造成し直したこの農業団地で、建設現場の足場など仮設機材の製造や施工を手がけるタカミヤ（大阪市）が、キュウリなどの栽培ハウスを運営している。団地には他にハーブ農場や観光農園などもある。

タカミヤが借りた敷地面積は三ヘクタールで、ハウスは二棟ある。いずれも地面に基礎を打ち、鉄骨で組み立てた大型のハウスだ。一棟目は〇・三ヘクタールで二〇二一年八月に完成した。栽培品目はキュウリやイチゴ、ミニトマト。二二年四月にできた二棟目は〇・五九ヘクタールで、キュウリに絞って栽培している。

同社が農業関連の事業に参入したのは二〇一四年。大雪でたくさんのハウスが倒壊したとき、自治体や農家から「力を貸してくれないか」と頼まれたのがきっかけだ。建設現場の足場材として金属製のパイプなどを扱っているので、ハウスの修復や建設もできるのではないかと期待されたのだ。

このとき同社は農業用ハウスの実情を調べ、自分たちの技術をいかせるという手応えを得た。建設現場の安全性を細心の注意で確保している自分たちの機材と比べ、耐久性に十分に配慮していないケースがあると感じたのだ。「補助金で直せると期待しているのだろうか」。担当者の感想だ。

同社が農業用のハウスで物足りないと感じたのは、「構造計算」という考え方を徹底していない点だ。鋼材をたくさん使えばハウスは頑丈になるが、その分、建設費もかさむ。そこで鋼材を補強する部品などをうまく活用し、できるだけ少ないコストで安全な施設をつくる。これが構造計算の考え方だ。このノウハウを、農業に応用できると考えた。

こうして同社は農業ハウスの製造と施工に参入した。大型の台風など自然災害が頻繁に起きたこともあり、注文は少しずつ増えていった。安くて耐久性に優れたハウスへのニーズは着実にあった。だが事業を本格的に大きくしようと思うと、それまでの延長では限界があることに気づいた。

パイプの間隔を広げて採光量を増加

課題として浮上したのは、農業そのものに対する専門知識だ。自治体や農協、農家などとの打ち合わせで、「いかに丈夫か」を説明することはできる。だが「どれだけ収量を増やせるか」「糖度はどこまで上がるか」「収穫時期をどこまで早められるか」といった質問にうまく答えることができなかったのだ。羽生市の施設の農場長の吉田剛は「そこにもどかしさを感じていた」とふり返る。

ハウスを購入する側が安全性を軽視しているわけではない。だがそれ以上に関心があるのは、作物がいかにうまく育つかだ。そこでタカミヤは施設の運営方法のノウハウを含め、パッケージで提案できるようにしたいと考えた。羽生市の農業団地で自ら農場の運営に乗り出したのはそのためだ。

自治体や農協、生産者の第一の関心は作物の生育にある。その要望に応えるため、二酸化炭素の量や温湿度などハウス内の環境をコントロールする設備を、羽生チャレンジファームの施設に取り入れた。使い方に習熟するためだが、これは最新の設備を販売する他の業者も追求しているノウハウだ。

これに対し、自社の持ち味を生かすために工夫したのが、ハウスの天井に設置するアーチ型のパイプだ。一棟目のハウスで採用したのは、同社がこれまで使ってきた建設現場の足場。本業で大量に使っているので、低コストで入手できる利点がある。だが足場材を採用した理由はそれだけではない。

とくに注目したのがパイプの強度だ。直径は、農業用ハウスで一般的に使われているパイプの二倍。肝心なのはこの先で、ふつうのハウスは〇・五メートル間隔でパイプを設置するのに対し、一・五メートルに広げたのだ。耐久性に関する構造計算のノウハウを活用し、間隔をぎりぎりまで広くとった。

直径はふつうのハウスの二倍だが、間隔は三倍なので、その分、ハウス内にできるパイプの影は小さくなる。つまり、作物にたくさん日が当たる。光合成をしやすくすることで、生育のプラスの効果が出ることを期待した。

二棟目のハウスは、パイプの間隔をさらに二・五メートルまで広げた。これは国内の建設現場で使っているものではなく、海外で製造されている特殊な形状のものを輸入した。二棟目のハウスは一棟目より軒高が二メートルほど高く、五メートル強ある。その分、受ける風圧などが強いため、パイプの間隔を広げようと思うと、より強度に優れた資材が必要になった。

企業農業の数々の失敗を越えて

ここで企業の農業参入について触れておきたい。一九九〇年代から二〇一〇年ごろまで多くの企業が農業を始めた。そのほとんどは当初期待したような成果を上げることができず、一部は黒字化するメドがまったく立たずにひっそりと撤退した。筆者は当事者に当たり、そのいくつかを取材した。

ある大手メーカーは海外から大型の栽培ハウスを輸入し、糖度の高い高付加価値のトマトをつくろうとして失敗し、事業から退いた。ある外食チェーンの農業会社は、母体が大量の農産物を必要としているにもかかわらず、品質と収量をともに高めることができず、農場を閉じた。多額の補助金を使って六次産業化の施設を建て、利益を出せずに撤退した食品メーカーもある。

多くの企業は参入に際し、「厳しい状況にある農業の活性化のために貢献したい」といったニュースリリースを発表した。この「貢献」という言葉の裏に、本業で培ったノウハウを活用し、自分たちが農業をやったほうがうまくいくはずだという「上から目線」を感じ取るのはうがちすぎだろうか。

海外から大量の農産物を輸入し、膨大な食品ロスが発生する「飽食の国」にあって、農業は厳しい収益状況に置かれている。企業が高い人件費を払ってすぐ利益を出すことができるほど、甘い経営環境にはない。企業参入が暗礁に乗り上げたのは、既得権益を守るための規制や閉鎖的な村社会が原因ではない。

ここ十年ほど、そうした教訓を共有したせいか、安易なそろばん勘定で農業を始める企業はほとんど見なくなった。タカミヤもそうした流れのなかにあり、大型の栽培ハウスを自ら展開することを想定してはいない。目的はあくまで設備の販売であり、自社農場はその性能を確かめるための場所だ。とくに構造計算のノウハウの応用は、採光量を増やすことにつながるだけに栽培にとって合理性がある。

もちろん、それをきちんと説明するためには、ハウスの使い方に自ら習熟する必要がある。一棟目の初年度のキュウリの収量は、病気の影響で目標にとどかなかった。吉田は「一年目で目標に達するほど栽培は甘くない」と話す。難しさを克服し、設備のポテンシャルをフルに発揮できるかどうかが、事業の成否を左右する。それがうまくいったとき、耐久性と生産性を兼ね備えたハウスを農業に提供できるようになる。

3 台風とコロナを越えて

集中豪雨で車が土砂の下

自然災害で経営が揺さぶられた例をもう少し続けよう。

京都府亀岡市でネギを生産する田中武史は長年勤めた農業法人を二〇一三年にやめ、就農した。当時四十五歳。ふつうの仕事なら若手とは言えないだろうが、平均年齢が七十歳に迫る農業では「あんちゃん」の部類に入る。

掲げた目標は家族経営ではなく、会社として事業を大きくすることだった。大勢の従業員を雇い、不慣れな営業にも挑戦して売り上げを増やしてきた。だが順調に伸びてきた経営を、台風や豪雨などの自然災害が襲った。

二〇一八年九月八日の朝六時すぎ、田中は不安な気持ちを抑えながら、亀岡市の山のなかにある事務所を目指し、車を走らせていた。前日の夜に一帯を襲った集中豪雨の影響で、道路の上まであふれた水が川のように流れていた。途中で通行止めにあい、車を降りて徒歩で坂道を上がっていった。

しばらくすると、作業場の外に積んであったプラスチックのカゴが、道の上のほうから流れてきた。要らない葉や根っこなど、出荷前の調整作業でネギから外した残渣を入れたカゴだった。ドキッとしたが、まだ深刻な被害にあったと決まったわけではない。「もしかしたら」という胸騒ぎと、「カゴが流れた程度ならいい。あとは助かっていてほしい」と祈る気持ちが交差した。

悪いほうの予感が当たった。事務所に近づくと、横転した自社のトラックが目に飛び込んできた。駐車場から道路へと押し流されてきたのだ。不安は頂点に達した。事務所にかけつけると、数台の車が土砂に埋もれていた。ネギをカットする加工場に土が流れ込み、更衣室の扉を突き破っていた。

四十代半ばで念願かなって独立し、会社を立ち上げた田中にとって、事務所と作業場は事業を発展させるための拠点となる「城」とも言うべき場所だった。取材でそのときの心境を聞くと、田中は「うわーって思った」という言葉をくり返した。このシンプルな表現が、衝撃の大きさを物語る。

田中はこの窮地をどうやって乗り越えたのか。そのことを説明する前に、いったん時計の針を独立のころに戻し、歩みをふり返ってみよう。

独立で感じた「畑がお金に見える」

「あいつには、嫌みばかり言ってる」

田中が長年働いていた農業法人、こと京都（京都市）の社長の山田敏之は、田中が会社をやめて独立した後にうれしそうにそう語った。

山田は日本農業法人協会の会長を二期四年務めるなど、企業的な農業経営の発展を牽引してきた。その山田が創業したころから十数年にわたり、田中は生産現場の責任者としてこと京都の成長を現場から支えてきた。

山田が使った「嫌み」という言葉はもちろん冗談だ。真意をたずねると、「あいつ、やめてから断然いいネギをつくるようになった。腹立つなあ」とこれも笑いながら、品質の向上に取り組む田中の努力を称賛した。

田中はもともと自分で農業をやりたいと思い、こと京都で働き始めた。だが山田と苦楽をともにしながら仕事をするうち、農業で利益を出すのがいかに難しいかを理解するようになった。独立の時期を先延ばしにしたのはそのためだ。気がついてみれば、四十代半ばになっていた。

「いまがラストチャンス」と覚悟を決め、リスクを承知で経営者としての道を歩み始めた。

筆者は独立前から田中と接してきたが、印象は一変した。「畑がお金に見えるようになった」。独立直後の取材での忘れられない一言だ。夏の暑い日に雑草を抜くときや、水をまくとき、つい妥協したくなる自分に勝てるようになった。以前はやや線の細い印象があったが、すっかり精悍になっていた。

最初は古巣のこと京都にネギを売っていた。こと京都は自社でネギを生産するだけでなく、グループの農家からも仕入れて販売しているからだ。だが田中は独立の翌年に農業法人の西陣屋（京都府亀岡市）を立ち上げ、レストランなどの販路を自ら開拓し、こと京都を介さずに直接売る量を増やし始めた。ネギを薄く切る機械も購入し、カットネギの販売にも進出した。

こと京都にいたときは、営業をやったことはなかった。だが意を決した田中はラーメン店の雑誌を手に地方を訪ね、アポイントなしで飛び込み営業にチャレンジした。「京都から来ました。もしよければサンプルを送らせていただきます」。約四十軒を回り、二軒から契約を取りつけることに成功した。後述するが、これはこと京都の山田がかつて創業期に使った手法だ。

努力が実り、起業から五年余りで経営は大きく躍進した。飲食店やスーパーなどの売り先は三百軒に迫るほどに増え、当初二千三百万円だった売り上げは二億円近くまで増えた。加工も含めると、従業員も四十人弱を雇うまでになった。

「やればできる」という言葉を地で行く努力で経営を拡大してきた田中だが、この間に農業ならではのハードルが待っていた。

心が折れかけた台風被害

最初に経営が揺さぶられたのは、二〇一七年十月だ。大型台風が直撃し、一カ月半もの間、ほとんどネギを出荷することができなかった。

七〜九月ごろの台風なら、水につかって出荷できなくなったネギを株元で切ると、再び葉っぱが生えてきて挽回することができる。だが被害が十月だったので、気温が低すぎてネギがうまく育たなかった。

田中は大勢の従業員を抱え、売り上げを安定させるために販売先と出荷契約を結んでいる。もし一カ月半もの間、契約を守らないままでいれば、他の業者に販売先を奪われる恐れがある。いったん契約を失ってしまえば、翌年挽回するのは難しい。そのリスクを考えれば「できませんでした」ではすまされない。

そこで田中は、ほかからネギを買いつけて、契約を守ることにした。天候不順でネギが不足している時期でもあり、当然通常より高値になる。この年、買いつけたネギの金額は六千万円にのぼり、収益を大きく圧迫した。

田中は「心が折れそうになった」と当時の心境をふり返る。窮地を救ってくれたのは金融機関だ。運転資金を融通してもらい、ネギを買いつける資金や従業員の給与に充てた。契約栽培をしていることが、金融機関の背中を押してくれた。販路があるので、ネギさえあれば売り上げが立つからだ。

農協や市場に出荷するのと違い、契約栽培は約束を破れば売り先を失うというリスクを伴う。だが一方で、売り先を確保していることは信用にもつながる。それが経営を支えてくれることを、田中はこのとき知った。

次の自然災害が、トラックが押し流された集中豪雨だ。このときは、古巣のこと京都が手をさしのべてくれた。畑とネギは無事だった。だが加工場をやられたので、カットネギを出荷することができなくなった。そこで、こと京都が割安な値段でカットネギを提供し、出荷が滞るのを防いでくれた。

こうして田中は、二つの災害によるピンチを脱した。天候不順で経営が揺さぶられるのは、昔も今も変わらない農業の難題だ。しかも多くの農業者は、近年の悪天候はこれまでとはレベルが違うと感じ始めている。

田中もその洗礼を受けたわけだが、さらに二つの課題に直面した。農業法人のスタッフだったときと違い、自ら経営者になったとたんに農業経営にいかにリスクが伴うかを痛感する。田中の話をもう少し続けたいと思う。

規模拡大で収量が減少

当初一・五ヘクタールだった栽培面積は、集中豪雨でトラックが流された翌年の二〇一九年には十ヘクタールまで増えていた。ところが、〇・一ヘクタール当たりの収量はこの間に、四トンから一～一・五トンに落ち込んだ。

原因は、田中が現場を離れたことにあった。事業を大きくするため、営業やマネジメントに専念することにしたからだ。だがスタッフの技術が規模の拡大に追いつかず、雑草の防除や水やりが後手に回り、ネギが生育不良に陥った。同じ作物をつくり続けることで生じる連作障害も起きていた。

これは、多くの農業法人が経営規模を大きくする過程で向き合うことになる課題だ。事業を発展させるため、トップが現場を離れなければならない時期がどうしても来る。こと京都の山田敏之も「そのときが一番きつかった」と話す。自分が現場に戻ってしまえばスタッフの成長にとって逆効果になるし、会社のマネジメントが中途半端になってしまう恐れもあるからだ。

ここで田中は大胆な決断をした。二〇二〇年の栽培面積を五・四ヘクタールに減らしたのだ。スタッフの人数は、逆に二人増やして十六人にした。スタッフがじっくり栽培に取り組める環境を整えることで、技術の向上と収量のアップを期待したのだ。畑を休ませて、連作障害を防ぐ狙いもあった。

収量が落ちたのは、就農から一直線で規模拡大を追求してきたことの反動だった。それを改善するため、まず単位面積当たりの生産量を引き上げようとしたのは、賢明な判断だろう。限られた面積に集中することで栽培がうまくいけば、収量を回復させて出荷量が減るのを防ぐことができると考えた。

経営の将来を思えば、他に選択肢はない。売り先にもきっと迷惑をかけずにすむはずだ。そう思っていた矢先に、今度は新型コロナが襲った。

道半ばの販路拡大をコロナが直撃

就農して以降、田中は飲食店を中心に販路を開拓してきた。多くの場合、組織がシンプルなため、店主が品質を認めてくれればすぐに食材として採用してくれるからだ。青ネギをメニューで使っている店に営業をかけ、「京都産の九条ネギ」であることをアピールし、売り先を増やしていった。

農協などに頼らずに自分で販路を築こうと思う新規就農者にとって、これは重要なポイントだ。例えば、相手が規模の大きなスーパーだとこうはいかない。棚にはすでに他の生産者の作物がびっしり並んでいる。そこに割って入ろうとしても、バイヤーに会ってもらうことさえ簡単ではないからだ。

新型コロナの農業への影響を考えるとき、ここは押さえておくべき論点だろう。コロナで販路を失った農家を応援するため、官民挙げて様々な取り組みが進められた。そこばかりに注目していると、あたかも大半の生産者が打撃を受けたかのように錯覚しかねない。だが実際に影響を受けたのは、販路の拡大が道半ばの生産者が中心だ。田中が以前勤めたこと京都を例に挙げれば、多様な売り先を持っているので、コロナは経営にほとんど影響しなかった。

こと京都と比べると、田中が経営する西陣屋はまだ十分に売り先を多様化できていなかった。コロナによる飲食店の営業縮小の影響が出始めたのは、二〇二〇年二月ごろ。「きついなあ、危ないなあ」と思っていると、緊急事態宣言が出た四～五月には売り上げが前年の同じ月の半分に減った。

「もうダメなのではないか」

台風のときと同様、今回も課題は運転資金の確保だった。事務所や加工場の敷地の賃料、スタッフへの給与などを合わせると、固定費が売り上げの半分を占めていた。その急減は、資金繰りを圧迫しかねなかった。

「もうダメではないか」。田中は最悪の事態も頭をよぎったという。幸い、日本政策金融公庫に相談すると、ただちに運転資金を融通してくれた。コロナ禍という未曽有の非常事態を受け、政府系の金融機関の役割を発揮して機動的に対応してくれたのだ。これで資金ショートは免れた。

このとき田中はある手応えを得た。コロナのもとでも閉店したり、仕入れを打ち切ったりする取引先がほとんどなかったのだ。ラーメン屋やうどん屋が中心で、アルコールの提供に頼る居酒屋などと比べて影響が小さかったからだ。徐々に注文が増え始め、八月の売り上げは二割減まで回復した。

「売り先が減るのを心配するより、注文が増えたときの準備をしたほうがいい」。そう確信した田中は販路の開拓に一段と力を入れるとともに、ネギの量を増やすための手を打った。他の農家から仕入れ始めたのだ。

技術の向上が道半ばの自社で栽培した分だけでは足りなくなったときに備えるのが目的だ。事業の拡大を目指す農業法人はその途上である岐路に立つ。栽培面の充実より、売り先の拡大のほうが先行する。そのとき自社の技術の向上を待つか、それとも仕入れ販売を始めるか。田中は後者を選んだ。

二〇一七年に台風に襲われたときは、売り先の需要に無理に応えようとして高値でネギを買い集め、資金繰りを悪化させた。同じことをくり返さないように、日ごろから意思疎通し、安定的にネギを供給してくれる農家を増やす。そうやって欠品を防ぐことができれば、販路の拡大にも弾みがつく。

得意でなかった営業で成果

二〇一七年以降、苦労続きの田中だったが、明るいニュースもある。コロナ禍のさなかの二一年三月、取引先のお好み焼きチェーンが東京都渋谷区に新店を開いた。広島や愛媛、都内の他の場所にある店舗を含め、ネギはすべて西陣屋から仕入れている。渋谷店のオープンには田中もかけつけた。

独り立ちした当初、田中は「自分は営業は得意ではない。でもやるしかない」と語っていた。栽培を離れて営業に回ったことは収量の低下を招いたが、事業を大きくするうえでは避けて通れない選択肢だった。商品の魅力を説き、売り先を増やすのは、多くの農業法人にとってトップの仕事だからだ。

コロナにめげずに新店をオープンした取引先が、迷わず田中のネギを使ってくれたことは、「得意ではない」と語っていた営業努力の成果と言える。独立後に経験したトラブルを通し、経営者として鍛えられただろうか。そう聞くと、答えは「そうでないと仕方がない」。経営環境が不安定さを増す農業の世界にあって、試練はまだ続く。そして、それは田中だけの話ではない。

4 切り札は農業版BCP

天候被害で「黒いため息」

度重なる自然災害のもとで、農業経営者たちは様々に鍛えられていった。そうしたなかで、被害をコントロールしようとする試みも始まった。取り上げるのは田中の古巣で、有数の農業法人の「こと京都」だ。

京都市にある本社を訪ねると、入り口の前に貼ってあるのは、「台風に負けない、諦めない」「ネギを守る」「顧客を守る」「生活を守る」という標語だ。天候不順に立ち向かい、経営を守り抜く決意を示す言葉だ。

「あのころは毎日、黒いため息をついていた」。かつて資金繰りに窮したときの自らの様子を、社長の山田敏之はそう表現する。「まるで黒い煙。うっかり吸った人は体を悪くしたのではないか」

険しい顔つきをすることなどめったになく、いつも場を和ませる。そんな山田を窮地に陥らせ、ふだんの明るい表情を消し去ったのは、二〇一一年春に起きた東日本大震災と、その年の記録的な寒さだった。

人間には制御できない自然の猛威で栽培に失敗したとき、多くの農家は「天候が悪かった」と嘆き、事態を受け入れてきた。そんな諦めの言葉を封印したい。脱サラし、農業を始めた山田が追求し続けているテーマだ。

実家は野菜農家。家を継ぐつもりはなく、大学を出るとアパレル会社に勤めた。だが家で働き手が必要になったとき、心が動いた。「独立して商売をやってみたい」。起業に近い心境で就農した。三十二歳のときのことだ。

「売り上げの目標は一億円」。そう宣言して就農した。周りの農家にとっては驚きの額だが、アパレル会社で課長まで務めた山田にとっては当然の目標だった。だが一年目は目標にはるかとどかず、四百万円。「もうからないなあ」。そう実感するとともに、かえって気持ちは自由になった。「これだけうまくいかないなら、何をやってもいい」と思えるようになったのだ。

前例を破る挑戦が始まった。まず栽培する品目を、年間に何度も収穫可能な九条ネギに絞った。短い時間で栽培に慣れることができると考えたからだ。次に市場に行って競りの結果を調べてみた。高値で売れるのは濃い緑色で、長さが七十～八十センチのものが多いことを突き止めた。

このとき山田が驚いたのは、農家の反応だ。「人が精魂込めてつくったものをこそこそ見るな」と激しく怒られたのだ。「僕にとっては当然のリサーチ。でもそういう文化が農業にはなかった」。もちろん、怒られたくらいでひるみはしない。栽培を工夫し、売り上げを一千六百万円に増やした。

カットネギを手に東京で飛び込み営業

売上増にメドがたったのもつかの間、生き物を扱う難しさが壁となって立ち塞がった。高値がつくネギはどうしても六割にとどまるのだ。この気づきが、飛躍のための踏み台になった。「カットしよう」。細かく刻めば、見た目の良しあしは関係なくなる。そもそも見た目で味が変わるわけでもない。

売り先として意識したのがラーメン屋だ。東京で盛り上がっていたラーメンブームに乗り、袋に入れたカットネギを手に飛び込みで営業をかけた。背広を着こんで営業したアパレル時代と打って変わり、あえてジーパンに運動靴。しかも寡黙。「営業トークは得意。でもそれをやってしまうと、本当に農家なのかと疑われるかと思った」。これも営業センスの一つと言える。

店主たちからは意外なほど歓迎された。「ヒット率は三割」。競争が激化する一方のラーメン業界はいい食材を渇望しており、自ら店に来る農家を珍しがって契約してくれたのだ。チェーン展開している繁盛店を集中的に回ったことで、売り先は瞬く間に増え、業績が急拡大した。二〇〇二年に法人化した。自社が栽培した分だけでは足りなくなり、他の農家のネギも集めて需要に応えた。こうして目標だった一億円を超えた。この間、心がけたのは、社員がやる気を出せるような雰囲気づくりだ。

原点はやはり会社員時代にある。山田は「瞬間湯沸かし器のような上司がいた。彼が反面教師になった」と話す。社員に笑顔で接するよう努め、社員にも嫌そうな顔をして仕事をしないよう求めた。従業員が増えるのに伴い、組織づくりを進め、本格的に農家から企業への変化のプロセスに入ったのだ。

台風被害で二百トンのネギが倒伏

とんとん拍子で成長するかに見えた事業に、難題が再び立ち塞がった。東日本大震災だ。予定していた注文が大量にキャンセルになった。その影響が一服すると、今度は冬の天候不順でネギが深刻な生育不良に陥った。

資金繰りに困り、かねて「うちがこと京都のメインバンク」と言ってくれていた銀行に相談した。だが支店長から「うちは打ち出の小づちではない」と突き放された。こと京都に出荷する約束を守るため、厳冬のなかで頑張っている仲間の農家にどうやってネギの代金を払えばいいのか。答えを見いだせず、苦悶の日々が続いた。山田が「黒いため息」を吐いたのはこのときだ。

結論から言えば、政府系金融機関の支援でかろうじて事なきを得た。このとき山田は、「メインバンク」への恨み節を語ることを自らに戒めた。「支店長に判断できる金額に限度があるのを知らなかったのは、こちらの準備不足だ。うまくいかなければ制度や天候や誰かのせいにする。そんな農業から脱皮したい」。苦しい経験を、事業をさらに飛躍させる原動力にしようとした。

だが予想を上回る自然災害は、その後も容赦なくこと京都を襲った。二〇一七年十月に日本に上陸した台風二十一号だ。田中武史がこの台風の被害でネギを出荷できなくなり、「心が折れそうになった」という苦境のただ中にあったとき、じつは古巣であること京都も経営を根底から揺さぶられていた。

西日本一帯に暴風が吹き荒れたこの台風で、自社農場で栽培していたネギのうち二百トンが倒伏し、そのうち傷みがひどい六十トンが出荷できなくなった。その結果、スーパーへの出荷を二〇一八年一月から四月ごろまでストップせざるを得なくなった。一億円以上の売り上げがこれで消えた。

ふつうなら、災害を嘆いて終わるかもしれない。だが山田は「人災の側面もある」と考えた。被害をカバーしようとして、残っていたネギをまとめて出荷してしまったのだ。生育途上の短いものも、カットネギに加工して販売した。一月以降に出荷するネギが足りなくなったのはそのためだ。

台風からネギを守る指針書

二〇一七年の台風被害を通じて、二つの課題が明らかになった。一つは、台風でネギが大量に倒れ、出荷できなくなるのをできるだけ防ぐこと。もう一つは、それでも被害が発生してしまった場合、売り先に事情を説明して計画的に出荷量を減らすこと。そのためにつくったのが、防災指針書だ。

二〇二〇年度版の防災指針書はA4で約六十ページある。想定されるリスクとして、台風、地震、コロナの三つを挙げ、対応方法をそれぞれ解説してある。ここでは、指針書のなかで最もボリュームのある台風対策を紹介したい。

災害時に優先して守るべきものとして順に掲げたのが、「従業員の安全」「自社の経営」「顧客からの信用」「供給責任と従業員の雇用」「地域農業の活力」だ。当然の内容のように見えるが、災害のさなかに何をすべきかをとっさに判断するうえで、優先順位を決めておくことには大きな意味がある。

では実際に台風が上陸するとわかったとき、どう対応するのか。戦略はシンプルだ。出荷時期が近づいているネギを、台風が直撃する前にいっせいに収穫する。倒伏を防ぎ、冷蔵庫に貯蔵するためだ。これにより、出荷できなくなる量を最小限に抑える。指針はそのための手順を詳細に記している。

まず予想される台風の進路などの情報を収集する。従業員の安全確保のためにやるべきことを確認するとともに、緊急で収穫する畑を決める。ネギを収穫し、冷蔵庫に運ぶ。台風が通過する日は畑の作業を休み、通過後に状況を調査する。風で被害を受けたネギが傷む前に収穫したり、追肥したりする。

売り先との情報交換も重要な仕事だ。いくら手を打っても、一部のネギは出荷できなくなる可能性がある。その量を把握し、売り先に出荷がどの程度減るかを早めに連絡する。その後、畑の復旧状況や収穫予想を伝える。

作業ごとの責任も事前に決めておく。山田は防災指針の冒頭で、「給料という収入の柱を災害から守ることは、自分の生命や財産、暮らしを守ることに等しい。そのために同じ方向を向いて行動してほしい」と訴えている。問題意識を経営陣と社員が共有することが、防災の前提になると考えたからだ。

台風前の収穫祭

ここで重要なのは、防災指針書をつくって終わりにはせず、機会があるごとに実践し、ノウハウを高めることだ。二〇二一年九月に台風十四号が日本に向かってきたとき、こと京都は指針に従って被害の防止に努めた。

「畑を直撃するコースです」。台風の進路や大きさに関する情報をもとに、担当者から社内に指令が飛んだ。スタッフが畑にかけつけ、ネギに結束バンドを巻き付けて強風に倒されにくいようにした。これが初動だ。

次に収穫に取りかかった。平時なら一日の収穫量はおよそ二トン。これに対し、九月十三日から十七日にかけ、五~八トンを収穫した。いくらバンドで補強しても風が強すぎればネギが倒れる。それを未然に防ぐためだ。

収穫したネギはカット工場など複数の拠点にある冷蔵庫に運び込んだ。どの冷蔵庫にどれだけ空きスペースがあるかはもちろん確認ずみだ。そこに保管しておけば、一週間は鮮度を保つことができる。こうして各部門の連携プレーにより、売り先に約束した量を確実に出荷できるようにした。

一連の対策を決める際の根拠になったのが、過去の経験による被害の予測だ。どんな強さの台風がどの方角からやって来て畑を通過したら、どれくらいネギが倒れるのか。ネギはある長さより育つと、いったん倒れたらもう元に戻らなくなる。その長さはどれくらいか。予測の精度が被害を左右する。

結局、台風十四号が畑を直撃することはなかった。だがもちろん、対策が無駄に終わったと考えたわけではない。山田は「やればやるほど経験値が上がる。その結果、対策の中身を改善することができる」と強調する。

こと京都は、これを「台風前の収穫祭」と称して実践している。

仲間の農家に防災指針を公開

こと京都は最初に指針書を作成したとき、京都府や静岡県にある四カ所の拠点で計六十トンのネギを貯蔵できる態勢を整えた。そう聞くと、「そんなに大きな設備を持つことができるのは、こと京都のような規模の大きい農業法人に限られるのではないか」と思う農家がいるかもしれない。同社の売り上げは二〇二二年で約二十億円に達しており、野菜農家では群を抜く規模だ。

この点を山田にたずねると、次のような対策を示してくれた。日本には冷蔵設備のある大型トラックが八万台以上あり、そのうち一〇%はふだん使われていない。緊急時にそれを貸してくれるよう、事前に運送会社に頼んでおく。農産物の輸送ではなく、一時的な貯蔵用にトラックを使うという作戦だ。

自然災害やテロ攻撃などに遭ったとき、損害を最小限にとどめ、事業を続けることができるようにするのは、企業にとって共通の課題だ。そのために平時と緊急時にそれぞれとるべき行動がある。その段取りを定めた計画を、「BCP（事業継続計画）」と呼ぶ。山田は「農業にもBCPが必要だ」と話す。

もちろん、ここで紹介した指針はネギを対象にしたもので、他の作物にそのまま当てはまるわけではない。ネギは収穫に適した時期にある程度幅があり、丈が通常より多少短くても、品質に大きな差は出ない。しかもカットすれば、差はまったくなくなる。他の野菜なら別の対応が必要になるだろう。

肝心なのは「農業は天候次第」と諦めるのではなく、各農家や農協、生産者グループが自分たちに何ができるのかを考えることだ。山田は「台風で被害を受けやすい時期は決まっている。そのときに一〇〇%出荷できるようにするため、企業努力でできることはたくさんある」と強調する。

日本農業法人協会の会長を務めていたとき、山田は防災をテーマにしたセミナーをくり返し開いた。その都度、自社の防災指針書をオープンにし、参加メンバーに対応を呼びかけた。自社のノウハウを明らかにすることが、各社が「企業努力」を始めるための一助になってほしいと考えたからだ。

「天気図を見ながら台風にあっちに行け、こっちに来るなと祈る。そんなのって嫌じゃないですか」。自然災害で幾度も痛い目に遭ってきた。そのたび前を向き、対策を練ってきた。山田にとって祈ることしかできないような状態は、天候不順に屈することに等しい。そんな思いが経営の根幹にある。

考えてみれば、農業には似たような要素がたくさんある。価格を相場だけに委ねると、収益が需給に左右される。補助金ばかりを頼りにすると、政策が変わったとき暗礁に乗り上げる。天候というコントロールが難しいものに対処するための構えは、農業経営の本質に関わっているように見える。

5 農業者は研究と政策の最先端へ

収量が四割減っても黒字

自然災害のリスクに備えるには様々な手法がある。用排水路のゴミを取り除いたり、排水ポンプを用意したりするのは基本的な対応。天候不順に強い品種を探すことも大切だ。ハウス栽培なら、強風や大雪に負けない頑丈な設備を選ぶ手もある。もし耐久性に不安があるなら、補強しておくことも重要だろう。収入保険や共済に加入し、災害に備えることも検討対象になる。

こと京都が作成した防災指針書は、そうした対策を総合的にまとめたものだ。どんな手法があるのか常に研究し、現場の経験を踏まえて内容を改善する。農水省もこうした考えを重視し、耕種、園芸、畜産の三つに分けて農業版ＢＣＰを作成するためのチェックリストをつくり、公開している。

分野ごとに対策を練るのはもちろん重要だ。それを前提として、経営を盤石なものにするためにやっておくべきことは他にもある。生産効率の向上だ。収益性を高めておけば、収量が減っても利益を確保しやすくなる。

災害の影響を取材していて最も驚いたのが、茨城県龍ケ崎市で稲作を営む横田農場だ。栽培面積は二〇二一年で百六十四ヘクタール。この時点ですでに飛び抜けたメガファームだが、なお規模拡大の途上にある。周囲にほかに担い手がいないため、引退する農家の田んぼが集まってくるからだ。

横田農場の収益性の高さは、二〇一九年に取材したときに浮き彫りになった。記録的な暴風が関東地方を襲った九月の台風十五号をはじめとし、この年は大型の台風がいくつも日本に上陸した。栽培ハウスの損壊など、各地で農業に深刻な被害をもたらした。横田農場もその例外ではなかった。

稲作の場合、台風の被害は多岐にわたる。早い時期に風で倒されると、穂が十分実らなくなる。実り始めてから倒伏すると、発芽してしまう恐れがある。茎が強い品種だと、倒伏は免れても強風でモミが田に落ちてしまうことがある。収穫までこぎつけても、生育不良でモミが空っぽのケースがある。

横田によると「二〇一九年は台風で想定される被害のすべてが起きた」という。その結果、収穫量は予定していた分の六割にとどまった。横田農場は大面積をこなすために日々の作業計画がびっしり詰まっているので、一つの作業が遅れると、後に続く作業に次々に影響してしまうという側面もある。

かってない被害の大きさを前に、横田は赤字に陥ることも覚悟したという。ところが決算を締めてみると、予想と違って十分に利益が出ていた。災害続きの二〇一九年は、農場の効率の高さを確認できた年でもあったのだ。

肥料代は農水省のデータの半分以下

横田農場の効率の高さは、田植え機とコンバインを一台ずつで作業をこなしている点から説明されることが多い。たった数ヘクタールの零細経営でも一通り機械を所有することの多い日本の農業の実情に照らせば、百ヘクタールをはるかに上回る大面積を一台ずつでこなす姿は驚異的に映る。

それを可能にしているのが、作期の分散だ。約十種類のコメをつくることで田植えと稲刈りの期間をそれぞれ二カ月に延ばし、機械の数を増やさずに面積を拡大し続けた。だが横田は「その点ばかり強調しないでほしい」と話す。緻密な計算のもとに、農場運営の隅々まで工夫を施してきたからだ。

どうやって高い生産性を実現しているのか。農場の二〇二〇年のデータを農水省の統計と比べながら、その点について説明してくれた。

効率の高さは一目瞭然だった。農水省の作付け規模の分類では一番大きい「五十ヘクタール以上」の十アール当たり生産費の平均を一〇〇とすると、横田農場は七〇。要因の一つが減価償却費の少なさで、平均のおよそ半分だった。田植え機とコンバインを一台ずつしか使わない作業体系の成果だ。

農薬代も三分の一しかかかっていない。四百枚以上ある田んぼのどこで農薬が要るのかを細かく調べ、必要がなければまかないようにしているからだ。規模が大きい分、この積み重ねは効率の向上に大きく貢献する。

特筆すべきは肥料代だ。じつに農水省のデータの五分の一以下。横田農場はまず元肥を投入し、生育途上でタイミングをみて追肥している。これに対し、ふつうは最初に一回入れれば追肥が要らない「一発肥料」を使う。作業が楽な分、値段が高いため、コストアップ要因になっていると見られる。

肥料を二回に分けてまくことで、横田農場は労働費がかさんでいるのではないか。そんなふうに考える人がいるかもしれないが、実際はこれも農水省のデータより少ない。作業が一時期に集中しないように工夫しているため、一台ずつの機械と同様、少ない人員で広大な農場を運営できるのだ。

農水省のデータとの比較で明らかになった点について、横田は「うちの効率が高いのは、特殊な環境にあるからではない」と強調する。

作付けの発想を一八〇度転換

横田農場の効率は確かに高い。だがより重要なのは、できあがった仕組みに甘んじることなく、さらなる改善を模索し続けている点だ。

二〇一九年の台風被害にもかかわらず、利益を確保できたことを先に説明した。そして二〇年は台風に備え、様々なことにチャレンジした。

打った手の一つが「できるだけ早く収穫すること」。コンバインは一台のため、収穫期間を短くするのは難しいが、前半に収穫する量を多くするよう工夫した。そのために着目したのが、一枚の田んぼの大きさだ。横田農場には〇・一ヘクタール強から一ヘクタール以上まで様々な大きさの田んぼがある。区画が大きい田んぼほど作業効率が高く、一日に収穫できる量が多い。

収穫期間は八月下旬から十月下旬までの二カ月間。二〇一九年までは、収穫期間が遅い品種ほど区画の大きい田んぼに植えるようにしていた。後になるほど日が短くなるため、素早く収穫する必要があるからだ。

これに対し、二〇二〇年は逆に早い時期に収穫する品種ほど広い田んぼに植えた。台風が来る前にできるだけ早く収穫するためだ。見事な発想の転換だろう。「収穫の重心を前に移す」という目的をさらに徹底するため、この時期の品種の面積を一九年より五ヘクタール増やし、四十五ヘクタールにした。

一方、後半に収穫する品種は日が短いうえ、狭い田んぼが多くなるので作業効率が落ちる。そこで台風の被害をある程度受けることも念頭に置き、単位面積当たりに植える苗を増やすことで、収量を確保することにした。

苗の本数を増やせば、その分、肥料も多く入れることが必要になる。ただし、一度にたくさんの肥料をまくと、稲が高く伸びすぎて、倒れやすくなる恐れがある。そこで追肥のタイミングを二回に分けることにした。丈が高くなりすぎるのを防ぎながら、穂がしっかり実るようにするための工夫だ。

二〇二〇年は幸い、台風被害を受けることなく、収穫を終えることができた。後半に植える苗の数を増やしたことも手伝い、収量は過去五年間の平均を二割以上上回った。被害を防ぐ努力が収量の向上にも貢献したのだ。

ドローンの追肥で新たな手応え

どの田んぼに何をどう植えるかの模索は二〇二一年も続いた。

コシヒカリのように需要の多い品種を、水が十分にあって土質もいい田んぼに優先的に植えることにした。横田は「去年までは収量で満遍なく七〇点を目指していた。今年は九〇点を確保したい品種と、場合によっては六〇点でもいい品種との間でメリハリをつけることにした」と説明する。

栽培方法の見直しは、もしうまくいかなければかえって効率の低下を招く恐れがある。結果は二〇二〇年と比べ、二一年の収量は一割以上アップした。天候に恵まれた面もあるが、挑戦はひとまず成功したと言えるだろう。

二〇二一年のもう一つの変化は、追肥にドローンを使ってみた点だ。

元肥は田植えをしながら機械でまく。これに対し、稲が育った後は機械で田んぼに入りにくいため、スタッフが肥料の入ったタンクを背負い、エンジンのついた散布機でまいていた。暑いさなかに歩きにくい田んぼに何度も入り、肥料をまくのは、スタッフにとって決して楽な作業ではなかった。

それでも二〇二〇年までドローンを使わなかったのは、効果に懐疑的だったからだ。横田は「十~十五アールまいたら肥料を補充し、二回飛んだらバッテリーを交換というドローンの性能は非効率」と思っていたのだ。

使ってみると、肥料の補充もバッテリーの交換も予想通りのタイミングで必要になった。違ったのは、スタッフの負担の軽減が想像よりずっと大きかった点だ。スタッフが疲れて作業を休む時間が減り、作業スピードは格段に速まった。効果に手応えを感じ、百五十ヘクタールをドローンで追肥した。

このあたりは、横田の考え方の特徴を端的に示している。スマート農業が注目されて久しいが、新しい技術にいきなり飛びついたりはしないのだ。これまでのやり方と新たに登場した手法の優劣を慎重に見定める。そして実際に試してみて、効果を確信すれば、農場の運営に一気に取り入れる。

風でわざと倒れる品種ができないか

ここで研究開発に関する横田の考えに触れておこう。とくに関心を抱いているのは、気候変動に対応する新しい品種の開発だ。

二〇二〇年の作付けで早い時期に収穫したある品種は、七月の日照不足が響いてモミ数が少なかった。ふつうなら収量減を覚悟するところだ。だが収穫してみると米粒は一九年より大きく、全体の収量も上回った。これはどんな品種特性によるものなのか。もしモミ数が少ないために一つひとつの粒が充実したのなら、天候不順への耐性を示しているのではないか。

風で稲が倒されても、粒が飛ばされてもどちらも収量に影響する。ただ倒伏しても一部は収穫できるのに対し、モミが穂から落ちると収穫そのものができなくなる。そこで、ある程度の風速までなら倒伏を防ぎ、あまりに風が強くなったらモミが落ちる前に倒れる。そんな品種を開発できないか。

稲は茎のてっぺんに穂を実らせるのが一般的。だが穂のはるか上まで葉っぱが伸びる品種もある。この葉っぱは、穂が風の直撃を受けてコメの品質が落ちたり、モミが穂から落ちたりするのを防ぐ効果はあるだろうか。

横田はこのような疑問を挙げたうえで、「研究機関は今までとは違う品種特性に注目してほしい」と強調する。これまでは「食味がいい」「倒れにくい」「病害虫に強い」といった特性が、開発の際に重視されるポイントだった。だが自然災害が頻発するなかで、品種に求められる性質も当然変化する。

横田農場は災害で収量が大きく落ち込んでも利益を出せるような効率経営を実現し、災害のリスクを減らすためにさらなる進化を模索している。だが新たな観点からの品種開発は、経営者の努力の範囲を超える。

農業者と研究機関が緊密に連携し、お互いの取り組みがかみ合ってはじめて災害に備える態勢が整う。経営環境が激変しつつある農業の未来をその成否が左右する。そして横田農場には、連携を可能にする体制がある。

熱気球サークルで出会った相棒

横田農場について語るとき、トップである横田修一のほかに、欠くことのできない人がいる。大学時代からの友人、平田雅俊だ。

現場のスタッフで中心的な立場にある平田は、二〇〇五年に横田農場の社員になった。別の仕事をしていた平田に、横田が「うちに来てくれよ」と電話した。平田はこのとき、「やっと誘ってくれたか」と思ったという。

二人は茨城大学で、学年が同じだった。ともに熱気球サークルに所属し、将来を語り合う仲だった。とくに横田農場が稲刈りの時期になると、平田は横田の家に一カ月以上住み込み、アルバイトとして作業を手伝った。

大学を卒業すると、二人はいったん別々の道を歩み始めた。横田は予定通り実家で就農した。一方、平田は一般企業のサラリーマンになった。マンションなどの建物の電気系統の配置などを設計し、施工を監督する会社だ。

会社勤めをしていたとき、現場で工事に当たるのは、下請け会社の職員たちだった。入社したばかりにもかかわらず、彼らに指示を出すのが平田の仕事。「多いときは百人ぐらいの職人さんが相手。マネジメントが本当に大変だった」

残業は当たり前だった。職人たちが六時ごろに仕事を切り上げた後、自分でもできる仕事を夜中まで続けた。始発で帰宅し、シャワーを浴びてすぐ出勤する日も少なくなかった。睡眠時間を削って仕事をしていた。

横田から電話があったのは、そんな生活を五年ほど続けた後のことだ。「うちで働かないか」と誘われたとき、平田の頭に大学時代に一緒に農作業をした光景がよみがえった。「いいよ」。迷わずそう答えた。

集落の手法を巨大農場で再現

そのころ、横田農場では急激な規模拡大が始まろうとしていた。平田を社員として招いたのもそのためだ。平田が入社した年に作付面積が二十ヘクタールから三十ヘクタールになった。高齢農家の引退が始まっていた。

当時は横田の父親が社長だった。平田は横田と一緒に田んぼに入り、田植えや稲刈りなど現場の仕事を覚えていった。決して楽な仕事ではない。だが人間関係が難しく、気をつかうことが多かった以前の仕事と違い、農業には「やったことがそのまま結果に反映される」という明快さがあった。

転機は二〇〇八年に横田が社長になったころに訪れた。横田が各地の稲作経営者の集まりに出席したり、研究機関や農水省を訪ねたりすることが増えたのだ。横田が田んぼにいる時間が減るのに伴い、何をすべきかを平田が自分で判断し、現場を切り盛りすることが多くなった。

農場は年々大きくなっており、肥料や農薬の調達、様々な機械のメンテナンスなど、細かい課題が次々に発生する。それを一つひとつ横田に相談し、指示を仰いでいたのでは、機動的に対応するのは難しい。

このとき平田が選んだ仕事のやり方が、その後の横田農場の仕組みの原型になった。朝礼を開かないのはその典型。農場のスタッフは平田を含めて約十人いる。水の管理や除草などそのときどきで各自が受け持つ仕事は決まっており、あとは自分で段取りを考えて、その日の仕事にとりかかる。

こういう仕事のやり方に関連し、平田が横田について感心するのは、若いスタッフがやることに決してダメ出しをしない点だ。たとえ危なっかしく見えても、最後までじっと見守る。当然、失敗することもある。だが失敗より懸念しているのは、自分で考えず、指示を待つような行動パターンを身につけてしまうことだ。この思いは、二人に共通している。

一方、横田は高齢農家へのヒアリングを通し、いまの横田農場のやり方が理にかなっているとの確信を深めていった。かつて農作業の多くは、集落の共同作業だった。明確な指揮命令系統はなく、その都度集まった顔ぶれを見て、それぞれ自分が何が得意かを判断し、必要な作業にとりかかった。

最新技術をトップが情報収集

横田農場は現在、かつての集落のようなスケールに拡大しようとしている。室内環境をコンピューターで制御できる栽培ハウスと違い、田んぼでは予想外の環境変化が度々起きる。必要になるのは、目の前で起きていることに即応できる柔軟性。横田と平田が追求しているのは、そういう農場運営だ。

ここで社長である横田の役割を説明しておこう。農地の流動化が加速し、農場は一貫して規模拡大のプロセスのなかにある。大規模化はそのまま生産の効率化につながると思われがちだが、ときに逆のことも起きる。例えば、横田農場は複数のコメの品種を取り入れて、田植えや稲刈りの期間を延ばしてきた。この点は先に触れた。その結果、一部の品種の生育がうまくいかず、収量が目標に届かないといったことが起きる。

こうした根本的な問題に、現場だけで解決策を見つけるのは難しい。そこで横田が農作業の合間の時間を使い、研究機関や農水省などで栽培技術に関する情報を集め、壁を突破するためのヒントを探す。自ら研究に参加することもある。

それを農場に持ち帰り、平田を含めたスタッフと話し合い、どんな手を打つかを決める。重要なのは、他の農場をお手本にするのではなく、最新の技術を真っ先に農場に取り入れることだ。それが競争力にもなる。

以上の話は、横田と平田への別々のインタビューで聞いたものだ。二人とも取材の最後のほうでふと思い出したように、学生時代にサークルで楽しんだ熱気球のことを話し始めた。気球は高度を上下させることはできるが、飛行機のように自らの力で前に進むことはできない。そこで目的地の方角に向かって空気が流れている高さを見つけ出し、風の力を借りて前に進む。

気球に乗ってはるか先を見つめ、空を飛んだのは横田。平田は地上から無線を使って横田に連絡し、気球が目的地に着くように誘導した。難しいのは、風向きを含めて状況が刻々と変わる点。お互い短いやりとりを通し、自分がどう動くべきかを判断した。それが熱気球の醍醐味でもある。

それぞれ懐かしそうにサークル活動のことを語った後、まったく同じ言葉でしめくくった。

「当時もいまもやってることは変わらない」

農業は高齢農家の大量リタイアや自然災害の多発など変化のまっただ中にある。横田農場はそうした風を一身に受け、地域一帯が自社農場になるという誰も見たことがないような景色のなかを進んでいく。サークルから農場へと舞台を変えた二人の連携プレーが、変化への適応を可能にしている。

おわりに

ここ数年で、農業は国民の注目をかつてなく集めるようになった。農家からのお叱りを覚悟で言えば、いまの状況は農業にとって必ずしもネガティブな面ばかりではないと思う。これまで空気のように当たり前に感じていた食料生産が、根底から脅かされ始めている。そのことを感じ取った人は、たんなるグルメ情報ではなく、営農の実態にも関心を持ち始めている。

それを読者に伝える仕事を続けてきて、折に触れ思い出す言葉がある。

「あなたとは気が合わない」

初対面の人にこんなことを言われたら、ふつうはかなり当惑するだろう。十数年前、野菜や飼料用トウモロコシを生産しているある農業法人を取材したときのことだ。

この法人の代表はインタビューが始まってしばらくすると、ため息をつくように「気が合わない」という言葉を口にした。この後どうやって質問を続けたらいいのか、筆者は取材の失敗を覚悟して頭が真っ白になった。

あらかじめ強調しておくと、なにも彼のことを批判したくてこのエピソードをふり返っているわけではない。本書の最後であえてこの逸話を取り上げる目的はその逆。これまで様々な農業者に会ってきたが、彼は経営の中身と人物の両面でもっとも魅力を感じている一人だ。

いまなら初対面の農家を取材するとき、経営についての考え方をまずじっくり聞き、全体像をつかんでから、頃合いを見計らって細かい点を質問する。だが当時は農業取材を始めたばかりで、細かい数字を確認するため、冒頭でけっこうな時間を費やした。そのことにもどかしさを感じたのだろう、彼は「あなたの質問は部長クラスにすべき質問ではないか」と語った。

こうなると、次の質問はもう出てこない。話題を見つける手がかりもない。だが緊張の時間はそう長くは続かなかった。彼は居ずまいをただすしぐさをすると、「よしっ、おれがあなたの気に合わせる」と宣言した。

正直に言えば、この日の取材はこの後もリズミカルに進んだわけではない。それでも、乏しい知識を背景にした拙い質問に対し、この経営者はつとめて丁寧に答えてくれた。焦点が定まらず、蛇行しながらなかなか前に進まないやりとりに、よく根気よくつき合ってくれたものだと思う。

彼の言う「気」は「相性」というよりは、ふつうの人が「呼吸」や「リズム」という言葉で表現するものに近いのかもしれない。それがかみ合わないとき、もし必要なら相手に合わせる。この話を思い出したのは、彼の言葉のなかに農業にとって大事な「構え」のようなものがあると感じたからだ。

それは彼の営農のかたちに体現されていた。天候の影響も考慮に入れながら作物を複合的に育て、売り先の注文の変化に柔軟に対応する仕組みをつくり上げていた。それが経営の発展の基礎にあった。

彼の考えを示すエピソードをもう一つ紹介しておこう。

この取材の数年後、環太平洋経済連携協定（ＴＰＰ）に日本が加盟するかどうかが、国論を二分するテーマになった。焦点の一つは農業への影響。多くのメディアが農家に対し、ＴＰＰに賛成か反対かを質問した。このとき彼は筆者の取材に対して、彼らしい表現でＴＰＰについてコメントした。

「おれにＴＰＰを止めることができるなら話は別だよ。でもそんなことはできない以上、ＴＰＰによって生じる経営環境の変化にいかに対応するかが重要ではないか」

これは状況への無力感を訴える言葉ではない。コントロールが難しくて、ほかの農家が対応に手を焼く課題だからこそ、自らの創意工夫と努力でハードルを越える。そこに農業経営の妙味がある。

本書を書きながら、ずっと念頭にあったのはそのことだ。頻発する巨大な自然災害や環境調和型の農業への移行、ウクライナ危機による肥料や飼料価格の高騰、新型コロナの流行などはいずれも農業の内側から生じた問題ではなく、国際情勢や自然環境の変化が農業に否応なしに対応を迫っているものだ。

田畑を訪ねる取材を通して実感しているのは、そうした課題に向き合う力が農業の現場にはしっかりあるという点だ。ニュースを見ていると、ときに営農の厳しさを訴える農家の悲鳴ばかりが印象に残ることがある。ＳＮＳで農家が発する情報にも、苦境を伝えるものが目立つように思う。

それが間違っていると言うつもりはない。農業が一国の安全保障にとって不可欠の産業である以上、国民に状況を理解してもらい、必要なら公的な支援を求めるのは当然のことだ。だがそれを前提にしたうえで、営農を持続可能なものにするために、もっと大切な要素がある。変化への柔軟な対応力だ。

ずっと常識だと思われてきた既存の秩序が様々な分野で音を立てて崩れ、生き残り戦略を再構築することが求められている。農業もその一つとして、新しい構えをいかに手にするかが課題になっている。「良き農業スピリッツ」こそが、直面する難局を突破し、活路を切り開くためのカギになるだろう。

吉田忠則
（よしだ・ただのり）

日本経済新聞編集委員兼論説委員

1989年京都大学卒業、同年日本経済新聞社入社、流通経済部、経済部、政治部を経て、2003年中国総局（北京）駐在、同年「生保予定利率下げ問題」の一連の報道で新聞協会賞受賞。
著書『見えざる隣人　中国人と日本社会』（日本経済新聞出版、2009）『農は甦る』（日本経済新聞出版、2012）『コメをやめる勇気』（日本経済新聞出版、2015）『農業崩壊』（日経BP、2018）『逆転の農業』（日本経済新聞出版、2020）

不連続と闘う農

2023年6月17日　1刷

著者 ―――― 吉田忠則

発行者 ――― 國分正哉

発行 ―――― 株式会社日経BP
日本経済新聞出版

発売 ―――― 株式会社日経BPマーケティング
〒105-8308　東京都港区虎ノ門4-3-12

装幀 ―――― 野網雄太（野網デザイン事務所）

DTP ―――― マーリンクレイン

印刷・製本 ―― シナノ印刷

ISBN978-4-296-11832-8